我是男性，我請了一年育嬰假

背包Ken——著

推薦序　當一年的全職爸爸，就是最佳實驗專案

前統一星巴克總經理　徐光宇

看完Ken的新書後，證明男性是可以請一年的育嬰假，而且每一天過得非常充實、充滿成就感。對於現代新手父母的男性，若要請一年育嬰假，一定要參考本書汲取寶貴的實務操作經驗。

Ken書中分享到：「人生能有幾次，拿回支配時間權力的機會？當一年的全職爸爸，就是一個最佳實驗專案。簡單來說，媽媽更容易只顧孩子，不顧自己，造成生活失衡。那爸爸呢？一句名言：『爸爸育兒，有呼吸就好』。」所以爸爸

比較不會因為照顧小孩而身心枯萎，反而會一起成長茁壯。但如果是爸爸請育嬰假，在宣稱10：0全包後，扣除漏東漏西，還有媽媽受不了爸爸的完工標準，自己撿來做的。最後居然很可能變成完美的5：5黃金分工比例，或是到7：3之間健康的範圍。」我當了四十年的先生與父親，都還不能有如此認真平衡的體會，身為男性的我，感到汗顏！

Ken用心準備一年育嬰假的策略規劃與執行目標，善用在職場所學的管理工具，讓他充滿信心有紀律地完成這一年的驚人成果，創作一本實用又有趣的好書；可以發揮更大的影響力，鼓勵現代新手父母的男性，能快速面對生活實境，勇於下定決心嘗試請一年的育嬰假，為家庭與人生創造美好的貢獻與回憶。

Ken拿回支配時間的權力後，就不按表操課，這一年全職爸爸的年度計畫Annual Operating Plan，他決定了四個目標，把時間重新分配進去，結果讓我們看到一幅風景美麗的咖啡成長旅程：首先、小孩的成長發育（包含爸爸的廚藝鍛鍊），Earth To Grow【咖啡的成長】；其次、自身健康管理，Fire To Roast【咖啡的烘焙】；第三、三代親情相處，Water To Brew【沖煮咖啡】；最後、寫作，Air For Aroma【咖啡飄香】。看完此書如同享受到一杯完美咖啡的體驗，謝謝Ken投資一年時間，完成極優異的人生創作與我們分享，恭喜Ken你已經不僅是成為一個更好的爸爸，同時也是一個更好的先生、兒子，以及一個更好的自己。

相較於四十年前的台灣社會，現在的職場環境與政府法令的進步，對於要請育嬰假的各項條件都更加的友善成熟，我很認同Ken鼓勵更多的新手男性，熱情地響應他親自示範的成功案例，效法或甚至超越他所創造的光榮里程碑。親愛的讀者，你應該可以標竿Ken原先所設定的年度計畫與目標，再依照自己的現況做些調整，相信你也可以輕鬆愉快地做到的。

閱讀本書是很輕鬆愉快的經驗，特別是後記這段話，我很喜歡，閱讀了好幾次，哈哈大笑好幾回，感覺就像我和太太四十一年的日常對話中，有時也會出現的場景。謝謝Ken再次提醒，讓我更加認識男女大不同！

很可惜，我已經是一個從職場退休、六十七歲的男性樂齡生活者，再也沒有機會參與一年育嬰假計畫。但是透過這本新書，讓我學習到如何努力以男性的角色，和小孫子有真實親密的良性互動，觀察學習到勇敢的男性對於家庭，也應該是可以有些正面的貢獻。

自序　不太一樣的育兒書

每每去書店，目光掃過架上的親子育兒書區，看專家們教你怎麼育兒持家、如何去愛、如何戰勝困境巨輪等等，都覺得充滿知識跟光輝。

但這本書不會。

因為我不是專家，而且通常我正要發出愛的光輝時，一個個載滿育兒跟家務的巨輪就會衝向我，在我一息尚存的軀體上來回密集輾過，把光芒一一輾熄。

只是百密總有一疏，在巨輪跟巨輪之間的空檔，或是夜裡孩子都睡著時，我還是會發出微弱的光芒想著：「天呀，好愛你們喔，一切輾壓都值得。」並把這一連串戰役寫成傳神又詼諧的文字。

看完這本書，你不一定會學到什麼，但一定會充滿自信跟療癒。

因為看到別人育兒也很荒謬，會感到莫名安心。看到別人這樣也能搞定，內心就會升起「自己總會有辦法」的信心。

本書的多元攝取方式

如果你想從笑聲中療癒並獲得紓壓：

從 Chapter 3 會開始很有效。讓很多家長喊出：「原來我不孤單，有人講出來實在太好了！！」「這種事，怎麼也能講得這麼好笑！！」

如果你對請育嬰假猶豫不決：

可以先讀 Chapter 1 & 2。雖然你我面對的環境不同，也許連性別都不同，但這是市面上極少數可以跟父母們一起思考育嬰假各種層面的分享。

如果你擔憂接手育兒跟家務：

無須擔心，請讀完這一整本。辦法總比問題多，只要你跟孩子都還有呼吸，就能再試下一個辦法。沒有育兒跟家務經驗也不算什麼，搞不好靠你的職場專長就能做得更好。

關於作者跟他的夥伴們

以一個一般上班族的身分，我遞出了一年育嬰假的申請單。

我可能跟多數人一樣，光是連請兩天特休，都要再三查看工作行程，再三權衡。生怕停了下來，就漏了什麼，就再也追趕不上什麼。但這樣台灣標準版的社畜，卻請了一整年的育嬰假。

可想而知，這一切過程並非無痛，而是充滿糾結，但正因有糾結，才能據實寫出大家有共鳴的分享文。

我把這段日子的經歷一天天寫在網路上後，得到超驚人的迴響。有一部分的我其實不太好意思，因為我常常只是做了廣大媽媽們正在做的事情（也有不少爸爸如此）。

但一個不太一樣（也常常不太正經）的切入點，能引起大家討論需要關注的議題，也是不錯的事。粉專也因此一路吸納了具有正能量的讀者們追蹤，一路溫馨又爆笑地互動。

陪我一起踏入這趟旅程的家人，最重要的是跟我互相力挺的太太，以及力挺我照顧他們（疑？）的四歲女兒跟兩歲兒子。

所以嚴格來說，這本書的作者是1＋3，只是其他三個人沒動筆，專責激發寫作素材。如果你有時看到書內的小孩年齡改變，那是因為他們會長大。

這是發生在一年內的真實故事，感謝大家催生此書。

CONTENTS

CHAP. 3

中年男子的實驗廚房

CHAP. 4

脫下上班族外殼的新世界

CHAP. 5 那些爸爸來做就很崩潰的家務事

CHAP. 6 那些爸爸來做就很荒謬的育兒二三事

CHAP.
1

在一切開始之前需要思考的事

請育嬰假的，為什麼是你，不是她？

如果正在讀這行字的你是男性，而你心裡還認為「我是男的，請育嬰假的應該是太太」，我勸你為了生命著想，盡快放棄這種「顧小孩是女人責任」的過時想法，還自以為是有個尊嚴的老公。

我想在二〇二四年還有資格能考慮育嬰假的人，現在應該在三十至四十歲左右，或是更年輕。我這個年齡身邊的人，早已沒有什麼父權遺毒概念。當權力已經轉移，你的尊嚴卻在原地，那可能就是生命步入危機的早期症狀。

沒有性別問題，只有誰最適合

育嬰假最晚要在小孩三歲前復職，我們家在姊姊出生後，就有這個需求。但上班已經是慣性，加上我還滿喜歡這份不錯的工作，遲遲無法下決心接受變動。這一猶豫，連弟弟都出生還長到快兩歲了，再想下去，豈不是需要第三胎才能再次有機會了。

不知道三歲期限的推力大，還是更害怕有第三胎（哈哈），終於在最後一年之前下定決心，請了一年育嬰假。

雖然要不要請假想了數年（也太久了吧），但由誰來請幾乎不用想。我們家在討論是誰時，沒有性別問題，只有誰最適合。而誰最適合，來自於當下遇到的育兒問題，以及我跟太太各自不同的技能包。

育兒疲於奔命的事超級多，但我們當下比較急迫的是兩件事。

第一個是小孩成長發育。

小孩不愛吃飯，睡不多，運動時間大都在學校。

醫師已經提醒，生長曲線雖然不是拿來追逐的排名，只要平穩就好，但低於3％就要看特別的診。每次隨寶寶手冊體檢時，我們的成長曲線雖未低於3％，但已經逼近，必須趕快脫離警戒區。

而醫師告誡脫離警戒區的方式，就是加強吃飯、睡覺、運動。

檢視我們雙薪家庭的生活，兩人都下班到家已在晚上七點半之後，只能草草叫外送，大家食欲都不彰。吃完飯很晚了，還要洗衣服、幫小孩洗澡、打掃、收書包、開電腦加班、回工作LINE……不可能帶小孩運動。而隨著大人的時間作息，只要大人還沒忙完，小孩就不甘願上床，會跟前跟後的耍可愛，於是大家一起晚睡。

第二個是太太每天的極限負擔。

我的上班之路遠到要搭高鐵，每天通勤來回時間超過三小時。出門時托嬰中心跟幼兒園還沒開，回家時都已關，接送小孩的人選只有太太，備用支援人選也是她自己。

每天早上我就像發射到外縣市的太空船，在預定返航時間前都不可能回頭。這段時間內，太太就像單親一樣，小孩的體溫過高被學校退貨，她趕忙處理；小孩在學校受傷要提早離開，她也必須緊急處理。

太太也要上班，每天爆量工作，又要在塞車的車陣中穿梭，準時接送孩子，然後一打二撐到我下班回家，每天看到她都像要被抽乾一樣。

好了，已列出主要問題，現在檢視技能包跟條件的時候到了！

- ☑ 這個家煮飯技能包在我身上。（想不到吧！）
- ☑ 接送技能，兩人都有，但我在車陣中穿梭更輕鬆，也更能負重。
- ☑ 時間效率，我一請假，每天現省下三個多小時通勤時間。
- ☑ 至於各種家務事，這誰都能做，但爸爸體力比較好，更適合。
- ☑ 帶小孩運動，爸爸更適合。

看吧，我根本是不上班的黃金人選。

如果我有那種「男人不該請育嬰假」的想法，那我就是在客觀分析後，硬是做出逆向選擇。

過來人碎碎念

❶如果要選一個人育嬰留職停薪，每個家庭遇到的問題跟條件都不同，但記得選擇的重點不在性別，那是唯一對問題沒幫助的條件。

❷沒人規定一定要遇到困難才能動用育嬰假，光是想要享受大量時間陪伴孩子，就是最好的理由。

拔草測風向，法規跟社會風氣變化正是時候

我有兩個孩子，算起來我有連續五年具備申請育嬰假的資格，但我最後一年才鼓足勇氣申請。

有育嬰假資格的那幾年，我一直在觀察一些台灣企業的ＥＳＧ報告，裡面會統計公司內幾位男性有育嬰假資格，又有幾位敢請下去。

那些男性前輩們，就是用來測風向的草。

四年前，我看見有的公司，上百位男性員工符合資格，只有一人申請。

三年前，上百位男性員工符合資格，增加到十人申請。

兩年前，變成幾十個人申請。

一年前，我自己申請了。

（同時間，女性申請比例幾乎毫無變化，但男性比例一直上升。）

槍打出頭鳥，前浪死在沙灘上。

四年前那位百中選一的勇士，很大的機率已經萬箭穿心而亡（故人已逝，只能懷念）。但前人種了樹，我們後人一定要乘涼，才不枉費他的犧牲。當第一個／少數那個，很可能被砍頭，但現在請育嬰假的男性愈來愈多了，總不能把我們全都砍了吧。在我請育嬰假之前，有幾個重要的事件，改變了社會風向。

❶台灣生育率終於登上全球倒數第一，這個消息大家耳熟能詳。

❷政府將育嬰留停補助，從投保薪資六成提高到八成，可領前六個月，而且父母可以同時領，成為話題。

❸《性別平等工作法》刪除阻礙夫妻同時申請的條文，也帶動輿論。

如果你仔細計算影響層面，貌似不大，但是對風向影響很大。

● 薪資方面

兩成的增加是用投保薪資計算，當時的投保薪資上限是45,800元，所以最多就是9,160元。如果你是已達到投保上限的人，月薪可能都到6萬、8萬、10

萬以上了，增加9,160元顯然不是關鍵的決策點。

但調高到八成這個數字，跟生育率倒數第一加起來，都在引導社會風向，變成育兒現在重中之重，政府預算都在加碼，企業要多配合。

● 性別方面

對，法規修改前也沒說男生不能請育嬰假。只是改成更有利於父母可同時請假、同時領補助而已，那有什麼大差別呢？

差別大了。

因為以平均薪資來說，男性大於女性。在家裡，很容易變成這句討人厭的話——「太太請育嬰假比較划算」。

因為性別平等工作法廢止不久的第22條講，配偶可照顧小孩的話，受僱者無須請假。在公司，也很容易變成這句顧人怨的話——「你太太顧小孩就好，你為什麼請假！」

這些阻礙跟不公平，因為這些年生育率跟育嬰假加碼的話題帶動下，都開始鬆動。

就是在呼籲男性同胞們，「爸爸們來育兒啦！」

過來人碎碎念

工作不只是每個月領的錢，也是在累積職涯，以及跟世界的連結。沒有人應該被指著說：「你賺得少，所以你不要上班最划算。」（不管是太太還是先生喔）

不上班，別人會怎麼看我？

有一句話，從小到大都常常被用來恐嚇跟阻止別人，非常萬能，堪稱每當對方詞窮就要拿來用一用。「你這樣，親戚朋友會怎麼看你」、「你這樣，公司會怎麼看你」、「你這樣，鄰居會怎麼看你」……

同樣地，「請育嬰假，別人會怎麼看我」，我也模擬過怎麼回答。

首先，我個人覺得請育嬰假很潮，很帥氣，根本不怕別人看。

但放了育嬰假兩個月後我就發現，根本沒人欣賞到我的潮，因為沒有上班以後，根本沒有人看得到我。

有了小孩後，別說認識新朋友，連老朋友都很難得有聚會。生活中會遇到的人，就是主管、同事、廠商。會新認識的人，就是新主管、新同事、新廠商。沒有上班後，很難會遇到需要多聊幾句的人，育兒的每天路線是大致固定跟單調的，托嬰中心↓幼兒園↓家中↓托嬰中心↓幼兒園↓家中。

所以，有人邀請我錄 Podcast 聊男性育嬰，說線上錄音就可以了。我連忙說千萬不可，除了收音的效果比較差外，我現在很珍惜能跟 120 cm 以上人類交流的機會。

誰的看法才是重要的？

也許很多人生活比我複雜得多，即使不上班也有各種人際交往，甚至親戚就住在自己家裡。

閒言閒語很多，我管不著，得要釐清請假陪孩子這件事，誰是重要的人，誰的看法才是重要的？

我只在意五個人怎麼看我的育嬰假，太太、我的爸媽、岳父岳母，剩下在更外圈的人怎麼看，根本不干我的事。畢竟我們也管不了別人的智慧跟經歷，與時代落差有多大。

育嬰假相關，當然第一圈是每天相處的配偶，但通常配偶不支持你也不會請，所以配偶看法最重要，而且幾乎是唯一重要，但不會是太大問題。

第二圈就是我的爸媽及岳父岳母，雖然就算他們不支持，我可能也會請，反正也就只是一年，但很幸運的是他們都很開明。畢竟父母都在意我們有沒有能力生活，岳父岳母則在意女兒有沒有所託非人，所以讓他們四人安心很重要，若他們不安心也很容易影響到小家庭的氣氛。

除了別人的眼光，自己如何看待自己

你有想過，拿掉名片後你是誰嗎？

雖然用工作來自我定義，聽起來是很不健康的事情。但如果你也是每天超過十小時付出在工作上，壓縮了休閒時間，放棄了興趣，一不小心真正的自我比重占很少的人。突然拿掉代表工作的名片，還真的一時不知道怎麼做自我介紹。

在普通上班族身上，有更高機率迷失自我。

如果你是醫師這類專業人士，那還好，基本上從國考通過後，你＝醫師，醫師＝你。連退休後別人也會叫你一聲醫師，更何況只是育嬰假，或暫時沒醫院雇用，你的自我意識都是醫師。

但普通上班族不同，普通上班族的自我定義，更容易被職稱左右。例如你是電機系畢業，但你不會因為有電機背景，就是工程師。你只會因為進了某家公司，拿到這個工作，才會變成工程師。

我念的ＭＢＡ，更容易走不出職稱的框架。就算曾是億來億去的前端採購，也是百億規模企業的ＢＤ，都是有專精的角色，但都是在公司的組織之下賦予的。所以我當前端採購時，不可能對外自稱是ＢＤ；當ＢＤ時，也不會介紹自己是供應鏈專業。請了育嬰假之後，我手上都沒有這些事在忙時，還真不好意思說自己是做這個的。

但比別人幸運一點，無心插柳的寫作派上了用場。這個興趣（談不上是工作）完全無法取代上班，但對於暫時沒有公司職稱的自己，至少有一個身分。

多年前寫過一本歐洲旅遊的書，也持續經營臉書粉絲專頁。但我過去從不曾自稱是作家，因為說出來時自己都會笑場。若需要自我介紹時，我還是會講出公司職稱。

現在可以用了（因為沒別的東西可以用），作家這個埋藏深處的身分，粉專這個可以說話的出口，讓我保持跟社會的接觸。

過來人碎碎念

不一定會需要，但在請育嬰假前，先想想拿掉名片後你是誰，也許在迷失時能拉你一把。可能是你的業餘愛好，例如業餘三鐵選手、攝影愛好者；也可能是你的新定位，如全家大小事務的推動者。

爸爸更適合請育嬰假的理由

我通常不想說「男人就會怎樣，女人就會怎樣」，因為這是一定程度的刻板印象，並非絕對，但偏偏這一章需要講到大量的男女差異。

請記得本書所提到的男女差異，只是機率上比較大，都來自專家對大腦的分析，以及大量婦女的抱怨。當然不是某個性別絕對就會如何，但為了閱讀順暢，我會寫的直接一些。

爸爸更容易理性生活

有研究指出，在懷孕的時候，媽媽的大腦就會起變化，會對嬰兒哭聲做出比爸爸更大更快的反應，更難忍受寶寶哭泣而不去管他。我想這也可以延伸為，媽媽會更想滿足小孩無止境的各種需求，直到自己精疲力竭而倒下。簡單來說，媽媽更容易只顧孩子，不顧自己，造成生活失衡。

那爸爸呢？

中文世界裡，流傳一句名言：「爸爸育兒，有呼吸就好。」

這一定程度代表著，男性會設定一個目標（例如六十至八十分的照顧水準），有達到就好，剩下小孩哀哀叫的需求，不是看到不理，而是根本看不到。

男性大腦的原始設定就是這樣，非常原始，還在遠古狩獵模式，適合專注目標，無法一心多用，也無法一直插入突發事件。

請原諒我們這些原始人，以進化所需的時間來說，人類歷史在比例上，超級長期在採集狩獵階段，但一瞬間就通過農業社會來到了工業社會，大腦根本來不及完全進化。

這樣對小孩會不好嗎？應該不會，因為至少還有六十分的照顧水準。同時爸爸還會達到給自己設定的每天目標，例如打一小時遊戲、一小時追劇。如果餵小孩吃飯不吃，可能會暫時先不管他，自己先準時吃再餵，才不會胃痛。所以爸爸比較不會因為照顧小孩而身心枯萎，反而會一起成長茁壯。

爸爸請育嬰假，家事分工更均衡

公司裡有的年長男性會分享：「我已經負責賺錢了，家裡其他事情不是我管的。」

我深深懷疑，這種分工方式，在當前五十歲以下的夫妻相處中會有效嗎？的確，要精準平分家事很難，分完一定會有多寡不均，但就算是一人主內一人主外，也頂多到7：3分工就好。若是放任其中一人，一進家門就成廢物，一定不是長久之策。

但請育嬰假的一方，除了照顧小孩，很自然地，還會10：0全包家務事。這就觸犯了家庭分工中最忌諱的比例嚴重不均，一個人全包，另一個人什麼都不做。

如果是媽媽請育嬰假，就可能全包，因為媽媽很可能平常就幾乎統包，那請假後更是會以10：0的比例進行。

但如果是爸爸請育嬰假，在宣稱10：0全包後，扣除漏東漏西，還有媽媽受不了爸爸的完工標準，自己撿來做的。最後居然很可能變成完美的5：5黃金分工比例，或是在5：5到7：3之間這種健康的範圍。（但既然爸爸請假了，我建議識相點，實際分攤成7：3。）

例如我號稱，從小孩起床到上學，一切事情我10：0全包。

但我總是能在小孩各件好看的單品中，選出這個衣櫃所能達到最難看的搭配，例如橫條紋上衣搭配直條紋褲子。以至於太太必須先起床挑好小孩的衣服，包含備用的衣褲跟外套。最後從小孩起床到上學的全部流程，實際完工比例大約還是落在7：3。

又例如我同時號稱，家中清掃我10：0全包。

但實際上，太太可能會受不了，先去清掃家中某個角落，並轉頭看向我。我會立刻表示，那個角落我一直有在監控，還沒有達到需要清掃的標準（既然妳提早掃了，我就不掃了）。最後清掃勞動比例，大約也落在7：3。

簡單來說，很可能是以下情況：

雙方都沒育嬰假→媽媽做了80％家事（失衡）。

媽媽請了育嬰假→媽媽做了100％家事（失衡）。

爸爸請了育嬰假→爸爸號稱100％，但漏給媽媽30─50％家事（平衡）。

爸爸更適合勞力密集的工作

如果你的家中，因為時間軋不過來，必須有一個人請育嬰假時，通常軋不過來的，不會是耗費腦力的事，而是勞力。

例如應該很少人會因為沒時間講故事給小孩聽、幫小孩選教材、教小孩英文，而決定請育嬰假吧（雖然這些原因也不錯）？但很多人會因為接送小孩、幫小孩洗澡、做飯、替小孩穿衣、打掃、帶小孩運動等等應接不暇，而覺得有請育嬰假的需求。

連馬斯洛需求理論都講了，當有需求要滿足時，一定是生理跟安全需求優先。而小孩生理跟安全的事，通常用勞力就可以解決大半。尤其雙薪育兒的週一到週五，晚上回家剩下的時間幾乎都在做這些事。

那誰是家中最可以壓榨出勞力的人？當然是爸爸。

備註：馬斯洛需求理論，將人的需求歸納為五種。由低到高層次依序是生理、安全、愛與歸屬、自尊、自我實現，滿足低階需求會進展到高階需求。

人生能有幾次，拿回支配時間權力的機會？

埋首家庭中會讓人不自覺傾向減少變化，尤其有小孩以後，時間緊、負擔多、責任大。以至於若現況尚可過，就這樣一天天過吧。

以時間排程緊密為例子。有一陣子公司讓員工彈性上班，早上班就早下班，晚到晚走。單身的人相對單純，習慣晚起床的人開心地調成晚到，想早下班的就改早到。但小孩需要接送的同事，很多人都不動如山。

不少人當初在選擇小孩學校、補習班、安親班的時候，在接送上，就考慮過夫妻公司的位置，開車或大眾交通工具路線，以及各自的上下班時間（含加班機率）。現況雖然不算令人滿意，但已經是各種忙碌及限制下，穩定運行一陣子的模式了。

各方面都精密計算後，才卡得剛剛好，怕有變化會處理不過來。更別說換公司、換部門，或可能只是同部門內換工作了。如果沒什麼巨大誘因，多少都會考慮不變動最好。

但我發現一件事，不管我怎麼追求穩定的人生，我的生活明明就是不斷變動。回想從畢業後第一份工作到現在，結婚後、生小孩後、未來小孩上小學→國中→高中→大學，不就是每三、五年內人生必定有大變動？

既然都要變了，不如主動把握每個時期特殊獨有的機會。育嬰假就是一個難得的機會，你的人生有多久沒有享受掌控時間的權力了，錯過這次，下次可能是中樂透辭職或是退休。

一天跟一生之中，你給了上班工作多少時間？

當我還是上班族時，工作在一天之中分走了我近十四小時的注意力，包含上班、午休、在公司加班、通勤、在家加班、下班時間又收到ＬＩＮＥ，不管是否身體在公司，心思就是無法專注在自己或家人的身上。

二十四小時減去十四小時，再扣除睡覺時間，其實每天只剩下三至五個小時，能稍微全心放在工作之外。

因為時間很少，和家人相處常常也是很粗糙地走過場，錯過了珍貴的時光。

上班日的早上，如果我晚點出門，有時會遇到小孩正在亂翻衣櫃，他其實在一件件辨識自己衣服的顏色跟圖案，建立自己的美感跟穿衣喜好（雖然十次有九次還有消防車圖案那件）。本來我可以跟他一起進行這個成長過程，但是我沒有，因為沒有時間。

小孩正興致滿滿，但餘光看見爸爸走過來，突然眼前被蒙住，身上的衣服被扒下又穿上。再睜開眼時，已經套上那件爸爸亂搭的衣服。然後，爸爸還說：「不准脫，要出門了。」

仔細一算，從學校畢業後進入職場到六十五歲法定年齡退休，我們大約有四十年的工作時間。

對於不敢停止前進的上班族來說，一整年不上班似乎是難以想像的事。但其實也不過是四十年中的一年而已，比例上是2.5%。就算你少賺了錢、少累積在公司的功績、少更新業界的脈動，你的職場也還足足剩下97.5%。

一生有多少次，可以自由支配時間？

從進入小學起，我們就開始按照別人定下的行程表走了。

雖然有寒、暑假這種比較長的期間，但高中前還無法擅自決定要如何使用。

上了大學後才是既有時間，又有權力可支配時間的階段。而在這之後，進入公司受僱，又是踏進不斷循環的行程表中，除非表現特別優秀、屢有奇遇或家裡有礦，不然就是按表操課地工作，直到退休。

按表操課，限制了人的可能性，也容易讓人忽略重要的事。如同全職上班族不會只有工作，全職爸爸當然也不應只有育兒，我拿回支配時間的權力後，不用按表操課了，我決定了四個目標，把時間重新分配進去。小孩的成長發育（包含爸爸的廚藝鍛鍊）、三代親情相處、自身健康及寫作。

重新分配時間的成果，讓我覺得自己不僅是成為一個更好的爸爸，同時也是一個更好的先生、兒子，以及一個更好的自己。

也許育嬰假只有一年，但我做的事情都不是炒短線，不只是當一年的時間暴發戶。我分配時間所做的事情，都對育嬰結束後的日子有長期幫助跟正面影響。

被分配到時間的目標裡，有一項比較特別，就是寫作（代表興趣）。在工作與育兒的夾擊下，通常最容易被放棄的就是大人的興趣。

因為工作與育兒根本不是蠟燭兩頭燒，蠟燭燒太慢了，比較像是引線兩頭燒。每天只要一加班，小孩的事就拖到爆炸，如果小孩提早在上班時間有事，那工作時就要早退、道歉、花更多時間補救。

我記得為了讓姊姊體驗音樂，安排了每週一天晚上的鋼琴課，每到那天，我們一家就要全力以赴趕場。因為不能丟弟弟一人在家，所以那天我和太太都必須準時到家，一人帶姊姊上課，一人顧弟弟，而且趕在上課前提早煮完跟吃完晚飯。然後上完課又會壓縮到小孩洗澡、寫作業、睡覺的時間，簡直忙翻了。

有時想想，我高中也曾經組Band呀。現在竟然拚盡全力，擠出空隙讓小孩「只是體驗」一下音樂，也從沒想過要讓自己「重拾」曾經投入的興趣。果然當了父母，優先選擇就是放棄自我。

不過，音樂就算了，高中的經驗讓我知道自己沒有這方面的才能。但寫作就不一樣了，我覺得我好像能寫、喜歡寫，也有人看。開始寫作一年，就出了第一本書。但出書後，第一個孩子差不多時間出生，加上原本的上班工作，正式形成兩頭燒的引線，就開始了每個月只能寫出一、兩篇臉書文章的日子。

別人跟我說他（她）也想請育嬰假時，我常常先提醒一個關鍵。

請記住，你不是請假負責顧小孩的人，你先是一個拿回支配時間權力的人，接著才將時間重點分配在小孩身上。

過來人碎碎念

❶小孩是你的主線任務，但也請把支線任務列出來，畢竟現在你能自由支配時間了。

❷支線任務可能是因為沒時間而放下的興趣、重要的人事物、一直想學的新東西，或是一場人生冒險。

CHAP.
2

面對育嬰假的現實，你 hold 得住嗎？

不上班，沒有固定收入怎麼辦？

從上班族身分瞬間轉換成全職主夫，結構性打破過去習以為常的安全感跟生活方式，從社會角色、工作、收入、日常作息到家庭分工都有大幅改變，對我來說是一項新鮮也是未知的領域。但觀察我身邊請育嬰假的朋友，似乎跟我一樣，對收入減少的部分，幾乎沒有人有多大擔憂，而對於工作隱隱不安的人是最多的。

後來我明白了，短期收入是能計算的事情，而工作，也就是職涯中長期得失，是算不清楚的。

擔心，來自於對未來不確定性，薪資收入跟支出能用數字衡量，只要加減後現金流是正的，就不會斷炊，育嬰假照請。如果是負的，就要想想其他辦法了。

像金錢這種能算清楚的事，不需要擔心，而是需要取捨。

沒工作當然沒薪水，這點十分明確，但政府有明文規定補助。我申請育嬰假時法令是補助投保薪資的八成，可以領六個月。要特別注意的是「投保薪資」，跟年薪可能有段差距，因為年薪會包含分紅跟年終等等，但投保薪資沒有，而且還有投保上限。

舉個例子來說，若申請當下投保薪資上限是45,800元，這個金額的八成再加上領六個月，將近二十二萬元，也就是你只會領的比二十二萬這個數目少。如果是年薪百萬的人（理論上投保已到上限），不管是請六個月，還是像我請到一年的育嬰假，實際上都是領到近二十二萬元。

每個人的經濟條件不同，家庭負擔跟負債情況都不一樣，有的人還有投資等其他收入，所以別人是什麼收入水準敢請育嬰假，對我來說一點都沒有參考價值，只要把自己的帳算清楚就好。

雖然一年不上班沒有固定收入，但仔細想想，人的一生上班時間長達四十年。只要這一年現金流還過得去，少了這部分薪資，稀釋到整個人生中理當無感了。這並不是說，任何人都可以輕易請假一年，而是需要一些累積。如果你在三十多歲請育嬰假，就是驗收前十年累積的成果，足不足以讓你暫時停頓一年？這一年的停滯期之後，還有後面二十九年可以分攤。

1／40是2.5％，等於人生薪資擠出2.5％的餘裕，從金錢觀點來看，就沒有那麼天方夜譚了（況且，許多人的收入來源還不只薪資）。

2.5％是個很好的大局決策觀點，我用了好多次。念研究所時用、出國念書也用，出國流浪也用。欸……算一算，我已經用了7.5％！

講完薪資收入，輪到考慮工作了。

得知我請育嬰假後，很多人來問我：「我也想請，但我想知道會不會拖累升遷，會不會失去工作？」

此時我都會回答：「先不講拖累升遷，但一定不會有幫助。」「全世界只有你一個人是評估此事的專家。」

（對了，若因此失去原工作，那是公司違法，這題請直接找律師求解。）

請假就沒有產出，公司頂多做到對留職停薪回來上班的同事一視同仁，但沒理由替他們加分還升遷吧。既然加分不可能，只有同分跟負分，所以平均期望值應該是負分的（除非你是皇親國戚或超級明星員工）。

台灣職場風氣詭譎多變，明明是合法育嬰留停，卻不能當成如春節連假一樣正常看待。每間公司檯面上下的氛圍都不同，每個人在公司內的籌碼也不同，連隔壁那位跟你做一樣工作，上面是同個主管的同事，請育嬰假後的風向都跟你不同。所以這道申論題沒辦法問別人，最能接近答案的應該就是你自己。

如果復職後，不幸真的在工作上受到影響，可能會影響往後數年的收入，這才是更大條的事。所以，不用擔心育嬰假期間的薪資收入減少（因短期可預測），真正需要擔心的是工作中長期發展，那是自己無法掌握的事。

聽起來無解，但在你打退堂鼓之前，我想提供一個觀點：「育嬰留停是寫在法規內的保障，也是權益。」而且這條二〇〇二年就有，並不是要求公司提供什麼特殊待遇。

身為勞工有很多權益，例如週休二日、按年資享特休、正常工時八小時、生理假、加班要給加班費；育嬰留停跟上述一樣，都是權益之一。

這些權益常常會被拿來換成工作上的加分，希望因此獲得主管賞識，或避免小人背後插刀的機會。

為了加分，有人假日工作，還刻意假日寄 E-mail；有人特休不敢休完，擔心特休用完被說工作量少；有人一天工作超過十二小時，因為公司說要共體時艱；有人不敢請領加班費，生怕部門會被檢討；有人不敢請生理假，因為沒月經的人會碎嘴。

如果你覺得上面這些事情不正確，那麼同樣地，育嬰假也是權益之一。如果基於現實的無奈想請沒請，你也要記得是因為生活所迫，又多放棄了一個權益。

而不是別人所說的：「請育嬰假很誇張」、「沒有職業道德」、「沒有為別人想想」。既然工作如此難料，我為什麼敢請育嬰假呢？因為我上面有守法良善、重視商譽的企業雇主。

看到這句話，可能一半的人都要吐了；還有一半的人感嘆自己的雇主邪惡，覺得書可以闔上算了。

這不是運氣，因為我都在比較大的企業工作，大型企業比例上本就比較守法，而且人手跟資源充足，可以因應調派人力。此外，我的主管跟同事都很不錯，如果復職的話，應該不會有任何阻礙或是差別待遇。但我跟你是不同公司、有不同的主管、同事，我的情況對你來說沒有參考價值。

所以，工作會不會受影響，只有你自己是評估的專家。

講完收入跟工作，再來講支出，好消息是支出也會減少。

通常減少的部分是跟個人相關的費用。我發現，人只要一踏出家門就很容易花錢，尤其為了上班衍生的支出最多。

以下只是個人情況：

●上班通勤費歸零

有人力網站統計，上班族月通勤費平均是三千多元，多數人一年也快四萬元吧。因為每天坐高鐵去上班，我一年通勤費高達十萬，支出馬上歸零。雖然後來又增加了開車去漁港買魚的油錢，但還是少很多。

●治裝費歸零

我的治裝費算一般，每年最低限度消耗或攤提的上班行頭，如西裝外套、領帶、訂製襯衫、西裝褲、皮鞋、皮帶、公事包，應該也有上萬元（算完發現自己還滿省的）。

我相信很多人治裝花費都是我的兩、三

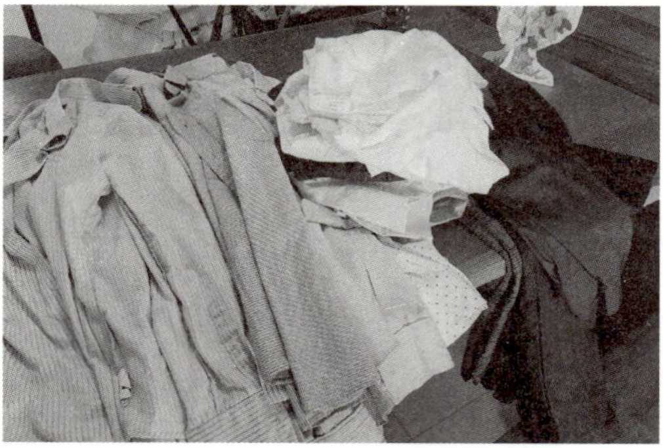

育嬰假第三日，從衣櫃移出一年不會用到的西裝襯衫。

倍，不上班之後，立即省了下來。

但切記，育嬰假時還是要維持身材（作息改變是一大關卡），否則回去上班時才發現原本的衣服都穿不下，要買新的，那省下錢的都吐更多回去了。

●電信費砍半

某一天坐在家裡，我突然想到，我的5G上網費還是1599元吃到飽嗎？少了通勤時看YouTube，不用無限地點、不限時間要連上網工作，我立刻打去中華電信改成799元方案。要不是我還需帶著筆電外出寫作，帶小孩出門有時需放卡通安撫，不然可能只要更基本的月費而已。

●省下「因為上班太忙，花錢買時間」的預算

雙薪家庭因為兩個人都出去賺錢了，又沒時間顧小孩，於是只好再花錢買時間，對很多家長來說，是現代社會的無奈循環。

● **延托費：**

托嬰中心、幼兒園每小時的延托費滿高的，我也同意應該這麼高，畢竟這是臨時且個別的需求，也耽誤了老師的家庭生活。可以準時接孩子後，這筆錢自然就省下。

● **外送晚餐：**

以前下班後太匆忙，來不及煮飯，一家四口常叫外送，一頓晚餐五百元，一個月吃二十天，就是一萬元。

當然這錢是我吃掉了，不能說全部是多花，但很多店家都會轉嫁外送抽成，外送一萬元的餐點，若是店內價，應該只要七千元。多花的三千元買的不是餐點，而是我來不及的時間，想想也不貴，但營養差很多。

● **旺季旅費：**

在夫妻都是上班族的情況下，想一起在「非連續假期」出遊，成功率低。如果請長假成功率是50%，數學上兩個人都剛好成功的機率就是25%，所以往往只能當旺季出遊的「盤子」。

以飛鄰近的亞洲國家來看，非連續假期的機票預算一萬台幣，就非常好買了。若是連續假期旺季，一張機票一萬五台幣能買到，則已經算非常幸運。光我們全家四個人出國，旺季機票就要多噴二至三萬台幣。如果不出國呢？大家都知道，台灣週末連假的住宿價格普遍不低，不如出國呀。

以上花費或許不太起眼，但用台灣上班族薪資中位數來衡量，省下的支出應該穩穩超過薪資10%，甚至挑戰20%。沒想到上班成本這麼高，等於談好薪水，立刻變成85折出勤，但想加薪15%卻要好幾年的時間。

誰說育嬰假就應該二十四小時帶孩子

「原來妳的育嬰假，不是真的在育嬰。」

我有位朋友比我更早請育嬰假，就被下過這種冒失的結論。她是被國際企業委以重任的主管，可想而知，不只是週一到週五的白天，下班跟假日的時間和精力也被工作綑綁。

身為朝九晚五的上班族，早上九點上班，並不是九點出門；下午五點下班，可能預估一小時後踏入家門，實際上六、七點都還沒走出公司大門，到家以後還要繼續處理公事。這些壓縮讓日常照顧小孩的雜事變成急如救大火，其他「不緊急但重要」的事，如訓練孩子的大肌肉運動、念故事給孩子聽、刺激大腦的發展，只好放在「非優先待辦事項」。當然也沒時間思考較久遠的事情。

在朋友丟下宣布請育嬰假的震撼彈後，從她陸續的分享中可以真切感受到，媽媽跟孩子的相處品質大幅提升，她還有時間做生活記錄，反思如何讓孩子跟自己變得更好。

同事知道她同時有送托後，冷不防冒出一句：「原來妳的育嬰假，不是真的育嬰」，她也只能笑笑帶過。

我當時還沒請育嬰假，沒有既定立場，只覺得奇怪：

她有更多時間陪孩子嗎？

——沒錯，多很多。

孩子有過得更好嗎？

——沒錯，好很多。

一定要二十四小時彼此肉貼肉到精疲力竭，才有資格叫育嬰嗎？

——你覺得呢？

時間的價值，不限於肉貼肉的相處。

後來我自己開始請育嬰假後，小孩也持續送托，理由沒得選：「塞不回去。」好的學校，要花大量時間研究跟提早搶位呀！（搶的時候，孩子都還在肚子裡）育嬰假就退托，那一年後小孩要塞去哪裡？不如直接辭職算了！

我的育嬰假首要目標是提升孩子的營養發育，在這個目標之下，有送托比沒送托更好。

小孩中午在學校吃得不錯，迫於同儕壓力，一口接一口。而且煮的人不一樣，就代表攝取更多元的營養。同時，在學校還有達到基本運動量。

我負責提升晚餐的價值，如果退托照顧弟弟的話，他通常會像條青蛇一樣攀附在我的小腿上；炒菜的時候，剛好噴他一臉。太太回家看小孩臉上紋路就知道，今天是吃熱炒還是水煮料理。而我也沒有機會直衝漁港採買各種多元鮮魚，回家還仔細清洗、放血、保存。

這樣一來，育嬰假一年結束後，我跟弟弟可能都會骨瘦如柴。我也不會有時間密集規劃，三代同堂的親子＋綵衣娛親的旅行，更不會有時間打造家中設備，提升安全性跟可玩性。

本來以為隨著臉書湧入愈來愈多網友，總會有觀念不同的人跳出來說：「原來你的育嬰假，不是真的在育嬰。」結果沒有，反而有人笑說：「你真是將育嬰假的價值發揮到極限耶！」「史上最值得請育嬰假的人！」

不是每個人的育嬰假都是為了省錢。

有個觀點是很多旁人愛講的，應該很多全職媽媽都被質詢過：「妳不是沒上班嗎？為什麼不自己帶小孩，幫家裡省點錢。」

我很討厭這句話，因為這句背後的涵義，貶低了很多全職媽媽／爸爸，意即「你都沒幫忙賺錢了，至少可以自己帶孩子吧！」、「沒貢獻的你至少有的是時間，可以幫忙家裡省錢。」

理性地說，對我而言只有三個理由，必須完全由家長照顧孩子：

❶錢不夠（不是省錢，是不夠）。

❷不信任別人照顧。

❸沒有任何理由，單純享受親情到極致。

現金流有限制，當然就無法送托。另外，因為各種社會事件層出不窮，許多人視送托如洪水猛獸，為求安全自己照顧。還有人只是單純想要深度黏膩地跟孩子一起，磨蹭每個親子時光到極限。

前面這三個理由，在我身上並不成立（或不強烈），所以我想發揮的是育嬰假同時又送托的綜合威力。

❶送托的環境多元：

學校是一個模組化，穩定提供課程、運動設施、同儕刺激跟食物的地方。自己帶孩子也可以，但會花費很大的心力。課程跟各種活動都要自己研究跟規劃，外行人不懂這些，所以教學理論、成長階段理論都要自己先啃書，了解透澈，還是一邊帶孩子的情況下進行。（我衷心佩服這些做得好的父母，覺得是神技。）

❷家長有專注的時間，可創造更大親子價值：

如果錢還夠用，並不需要一味節省，而是更好地利用。

例如年薪是托育費用的好幾倍，放下帳面上的十塊錢，又影響工作績效累積，目的卻是省下一塊錢的支出，這不是很奇怪的事嗎？就算有人年薪跟托育費差不多打平，但工作是有經驗累積跟收入成長空間的，那叫做職涯，無法只用當下的數字金額計算。

中斷職涯，不論送不送托，已經大量增加親子相處時間了。除了相處，還有很多對小孩有幫助的事可做，也包含照顧好大人自己。

放下自動導航，迎接自我挑戰

大約五年前，我離職去國外旅行。不像年輕人懷抱初生之犢的熱血浪漫 gap year，我已經是一個在社會打滾多年的中年已婚男性。

那場旅行，一來沒有時限，二來沒有路線，我只買了一張三天後啟程的單程機票就出發了（根本來不及規劃路線，哈哈）。我那時心想的是，很多人說去流浪就會有人生體悟，我想試試看。

流浪的意思就是不要有框架，例如不要把一個人的自助旅行，弄得像觀光旅行團一樣按表操課。

從歐洲醒來的第一天早上，我就發現差異了，有上班的生活看似常常在做選擇，其實是沒有太多選擇下的選擇。如果我對生活沒有太多深思，也能自動導航般地過生活。

每天早上起床，反射動作就是搭車去上班。幾點到公司是固定的，所以搭什麼交通工具、哪一班車也幾乎是固定的。公司沒有限定午餐吃什麼，但公司地點跟午休時間是固定的，所以必須在方圓兩公里內選擇午餐。上班期間的工作不用說，雖然有自由度，但是在公司的整體目標跟行事曆下完成。下班後，你可能要在幾點前趕回家，只能在某幾處順路的地方買菜。這種日常生活其實很省事，做幾個關鍵決定後，剩下大半時間可以像跟團一樣照著做，反正結果不會偏離軌道太多。

但那次在歐洲流浪，我跳脫了尋常的生活模式。

早上一有意識地醒來，我的眼睛還沒看清楚，就要做決定。要不要現在起床，起床後要去哪裡？還是晚點起床，多睡一下恢復旅途的勞累？我還常常在旅途中煩惱下一站要去哪個國家，因為在歐洲任一個地方，通常都有三、五個國家在差不多的移動距離內，也都有世界遺產可看。每選擇一個國家都會伴隨不同的花費跟風險，還會連動再下一個目的地。

背包旅行當然心情暢快，但自由也帶來抉擇，有抉擇就會消耗心力。很多創業家每天穿同一件衣服，問他們原因，都說因為要抉擇的事情太多，這樣最省力。而且他們的抉擇可不是跟團這種事，而是將企業導向前所未見的方向。

請育嬰假後的每一天，都很類似創業的生活。以前在諸多限制下，做決定反而輕鬆，因為選項很少。現在時間跟自由度大幅增加，突然要做超多決定，影響一家人走向新的方向，反而覺得陌生有壓力。

在陪伴孩子之餘，是要專注孩子的營養呢？還是要增加他們的運動量？要不要提早接孩子放學，帶他們去公園跑一跑？還是用這個時間去漁港買孩子愛吃的魚呢？若帶去運動要選哪一項？運動要注重力量、反應速度，還是感覺統合？

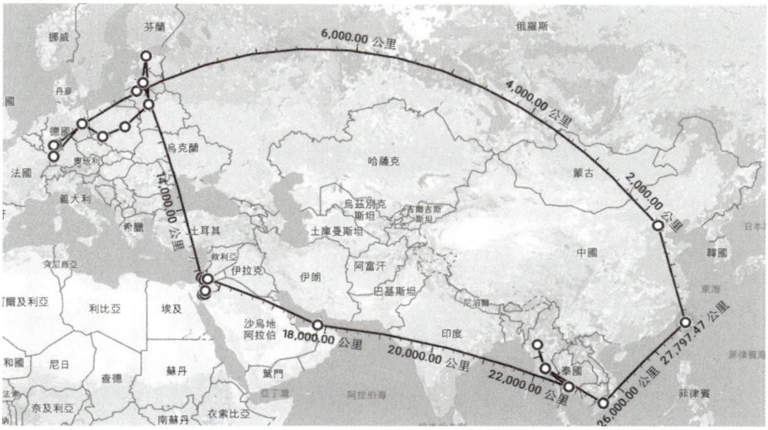

沒有行程表，反而走得更廣。
五年前的一趟獨旅橫跨歐洲雪地、中東沙漠、熱帶東南亞。

還有，我要花多少時間寫作？寫作到最後能帶給孩子什麼？還是只是分走家人相處時間的個人興趣而已？

以前不是沒想過這些事，但如今能自由支配大半時間，又沒有人給框架，排列組合跟可能的結果，都可以無限想像、擴大。如果以前用便條紙可以列點記下來，現在大概要用海報紙畫成心智圖才行吧。

總之，一向都是安分守己當員工的人，要開始全天候像創業者一樣思考，擬定目標、盤點資源、自律執行，並且還要不斷檢討跟調整方向，一切都要靠自己。這是我們很少想到的「放假也有難度」。

職場爸爸跟全職爸爸，到底誰比較辛苦？

之前疫情高峰，很多公司實施居家上班，夫妻各自在家中角落開線上會議，聲音常常互相干擾，是常見的事。據說這讓很多婦女重新認識自己的老公，有如初戀般新鮮。

第一次聽到老公跟同事開會，第一次聽到他說出：「我們來定義問題。」「這件事必須設定一個deadline。」「檢核機制是什麼，必須是可以量化的。」

什麼！那個一回家就變成大型家具的半廢物，靈魂永遠在別處的男人，竟然有這一面，可以運籌帷幄，掌控大局。

男性的左右腦交換資訊比較慢，所以具有天生的「鈍感力」。鈍感力可以解釋為「遲鈍的力量」，威力大時，能夠從容面對生活中失誤帶來的挫折（或根本沒發現已經失誤），堅定地朝著既定方向前進，不管一路上落下了多少隨身物品。

但這個鈍感力似乎不會在公司發生（包含ＷＦＨ），可能公司有太多旁人壓力，有太多規範跟考核抑制了鈍感力，所以一進家門才會爆發。

有時夫妻明明同樣看著孩子們坐在客廳的畫面，太太已經想到各種問題：衣服穿得夠不夠、窗戶要不要開、多久沒喝水、尿布有沒有大包、離電視是不是太近……先生則是歲月靜好，家庭美滿，自認沒什麼可以多做的事了，生怕一不小心做什麼就是畫蛇添足。

簡單來說，如果是全職媽媽，她們為了孩子殫精竭慮、耗盡精力；如果爸爸全職在家照顧小孩，鈍感力就是保健力。

有天我覺得一切平順，小孩也沒什麼事，已經把自己關機的時候，太太下班回家了。

她一進門就喊：「天氣那麼熱，都沒發現嗎？你都沒給小孩開冷氣嗎？」我一股氣上來，心想：「那是妳自己熱，我們好好的。」但此時我的餘光瞄到姊姊，她自己把椅子搬到循環扇前，開大風朝正臉吹，拿水猛灌（求生意志堅強），髮絲還因為汗水都黏在她堅毅的小臉上。

可能爸爸的自我調控能力，就像一個劃時代ＡＩ電表，如果負荷超載，就會自動跳電來保護爸爸本身；如果電器太多，就會只配電到維持生命的必須設施；如果有人半夜吵著要用電，就直接關閉電閘。

以這個角度來看，至少在體能負荷上，職場爸爸會比全職爸爸辛苦，跟媽媽不一樣。

所以，如果說全職爸爸有什麼更苦的，可能是心理層面。

育嬰假期間，下樓買東西時，店員突然問我：「聽你們那棟樓的說，你是在網路上開公司的？」

我心一驚，這不是我的職業。更奇怪的是，明明我「刻意」沒有跟鄰居聊過自己。按照我的計畫，應該根本沒有人會注意到我，現在不但被注意到了，還憑空出現了一套劇本。

是因為在上班時間，我常出現在附近嗎？

是因為我每天抱著孩子回家，親子一臉喜悅，毫無下班疲於奔命接孩子的窘態嗎？

是因為我太常下樓拿網購商品跟出門買菜嗎？

原則上，對於不熟的人，我不太會說出真實情況，也就是不會講自己在家照顧小孩。所以，一時之間只能支支吾吾地說沒有。

我的育嬰假有十二個月，在第一個月後，我就決定不輕易當面跟他人提到育嬰假了。為什麼呢？

這來自幾次我初入江湖，還不知凶險時的對話，幾次下來，就足夠下定決心貫徹到底了。我不是怕別人怎麼看我，本人才不鳥，我是怕這種人浪費我時間。

育嬰假生效之前，身邊沒人對我請育嬰假有所質疑。那時遇到的人都是意氣相投的朋友、有品質的主管同事、聊過的長輩，大家都很上道，妥妥的同溫層。

但是到了育嬰假第一個月，生活圈實體接觸的人改變了，不時會有失控的對話上演。我把它們分為三個種類，以利辨識：

第一種：奉行天道者，天道的標準是，只要他不知道就是大逆不道。

有這類人在場時，我的話都還沒講完，對方就像漫畫裡的畫面一樣，瞬間覺得他的臉變大（超出了畫框）、頂著十字青筋直衝到我面前，激動地放聲大喊。

「什麼！！！！！！你沒有上班！」

不管我怎麼回答：「這是法規給的育嬰假。」「留職、八成薪。」（這是放假耶！）

對方下一句就一定會接：「怎麼會沒上班？」「怎麼可以不上班？」「你是男人……」（以此類推）

這種對話有個特性就是不管提出什麼邏輯，對方反提出的「證據」或「立論基礎」，一定是「本來就是……」、「大家都知道……」，這種人如果寫科學論文，當別人寫東西會落下，是因為地心引力。他的論文會寫，東西會落下，是因為「本來就是」。

他的理念簡單歸納是「天道如此，五界平衡。若有人不上班，他晚上會睡不好。」（別人要負責，不可造成人世間的不安穩。）

第二種：人做的都是芝麻小事，心操的都是國家大事。

通常對方會用一種身負國家興衰的姿態說：「台灣沒有本錢這樣（實施育嬰假）。」「我們的國際競爭力該怎麼辦？」「台灣用人環境在向下沉淪……」

（以此類推）

欸欸～不對吧，你是不是不知道，現在國安危機是少子化呀。你要搞對方向喔，畢竟你身負國家興衰的責任。

第三種：不分青紅皂白，給予無限關懷。

對方很善於傾聽，一臉耐心的微笑，也不會妄下斷語。我便多講了幾句，一說完，對方就一臉支持地說：「沒關係，你還年輕，堅持下去，一定會找到工作的！」

什麼鬼呀！我說的是育嬰留停，你說的是非自願離職吧？

職場爸爸跟全職爸爸的角色，很像是受雇者跟創業者。職場爸爸像受雇者，相對穩定跟心安，但忙碌又不自由；全職爸爸較像創業者，相對自由，但失敗了就一無所有。而且就算成功了，跟真正創業者也不一樣，不會帶來框架下的社會地位跟事業。

以上看來，似乎是全職爸爸比較苦，但其實要看個人情況，把自身的條件帶入這兩個模型。例如你已經有兩間房子收租，或是家裡有礦。工作之於你，只是收入選擇之一，不需要賭上一切，當然失敗也不會一無所有。

或是你生活中一堆八卦的親友，你又很在意，他們整天問：「你打算什麼時候回去職場？」「你老婆薪水多少？」「那你一整天都在幹麼……」「家裡誰講話比較大聲？」就會更磨人。
我想，心理上的苦應該是不分男女，全職媽媽也都經歷過。

聽你們那棟樓的說，你是在網路上開公司的？
其實我只是請了育嬰假。
不是耶...
是因為我每天抱著孩子回家，
毫無下班疲於奔命接孩子的窘態嗎？

別怕育兒、家務全包！人沒有那麼萬能

關於家庭分工，開始育嬰假後，我和太太把所有的事情分成三塊：

❶單純勞務——我全包。
❷爸爸擅長——我做。
❸媽媽擅長——太太做。

單純勞務：
就是有手就能做的事。平均而言，男性的雙手更大更有力，而且皮堅肉厚耐操磨，應該更適合處理勞務。

抱小孩上學（同時還要背書包跟午睡棉被）、買菜、整理冰箱、居家打掃、洗衣服、修繕房屋、帶小孩運動、清理大小便、換尿布、餵小孩吃飯（追逐）、幫小孩洗澡（追逐）、替小孩吹頭髮（追逐）。

上面這些事，哪件不是光靠勞力就可以基本完成的？甚至靠勞力能完成更好（像是追逐）。只求能正確完成，沒有要求爸爸做的比媽媽好，所以不存在「能者多勞」。例如，你說太太打掃比較乾淨，我能接受；但說 only 太太有天賦跟專業能打掃，我就不信。

爸爸擅長技能：

勞務都我包了，我擅長的事情當然也一定是我做，這就不用多作解釋了。

媽媽擅長技能：

擅長的事情需要一點天賦或專業，有性別比例上差異，但不完全跟性別有關。像是做菜，也許女性會做菜的比例較高，但在我們家剛好是我會做菜，這就歸在爸爸擅長類別。

以我們家來說，最近跟孩子有關的事情中，太太擅長部分是音樂、繪畫、教育理論，這種天賦跟專業的差距，不是我用勞力硬幹就能彌補的。

帶女兒上鋼琴課，通常是太太的工作。有次太太加班，我跟女兒去上團體課，我才發現原來上課不是女兒跟老師之間的事。學生才五歲，老師不可能一對多教學，而是有點類似老師在現場一對多教導家長們，個別家長再同步一對一指導小孩。

但這條教學鏈，輪到我就斷了。

其他小孩彈琴時，如果彈錯了，家長會引導他們彈到對的琴鍵。女兒彈奏時，我也同時在想這個位置對嗎？直到老師快速地衝過來，用力按下距離很遠的鍵，說：「是。這。裡。」

我沒有看到老師的表情，但當下那個速度跟力道，明顯超越了音樂老師在課堂上的優雅跟氣質。

除了老師很無言外，太太應該覺得本來就很貴的學費，現在看起來更貴了吧。

帶領女兒繪畫的，媽媽也絕對是不二人選。

千言萬語敵不過三張圖，下面三張圖分別是太太、女兒跟我畫的。

（太太畫的）

（我畫的……）

（女兒四歲時畫的）

很明顯地，媽媽下班再累，孩子學音樂、學繪畫都還是靠她，否則我只會扼殺孩子的未來。

有句過時的話叫「男主外女主內」，其中還包含了「負責賺錢的主外，不賺錢的主內」的意思。所以也不只一次聽過別人講「這些都太太管的，我只負責拿錢回家。」

先不說男女薪資沒有古早時候那麼懸殊，常常變成男主外，女主內兼外。這個分工方式還剝奪了一方的參與感，減少了小孩能夠學習跟刺激的範圍。

按各自擅長及純勞務分工的好處是，當我包下勞務後，尤其是平日下班後的晚上，太太的雜事少很多了，可以講故事給孩子聽，可以和孩子一起畫畫、練琴，度過有品質的親子時光。

我不是要用「我不會」來丟包工作。這世上知識領域太多了，我不會的也太多。會有一段成長時光，小孩的知識受限也受益於父母所了解的範圍。以音樂跟繪畫為例，那是太太的天賦，還可追溯到岳母幾十年前花錢對女兒的栽培，能再免費用一次，實在太優惠了（哈哈哈）。雖然這些可以送去才藝班，但實際上，如果我一個人處理的話，可能還要送去上這門課，都不會想到。

還有我們倆都不太擅長的，例如我們夫妻都偏向努力念書、好好工作的類型。雖然知道這世界有更具威力的生存方式，像是《富爸爸窮爸爸》裡的資產、金錢遊戲，但我們不熟，小孩也不會從小就從我們這裡學到。

在這種情況下，兩個成人的知識涵蓋層面都還遠遠不足，怎麼可能奢求一個人全包呢？

所以，不用擔心請了假，就要育兒家務全包，現實是根本沒有能力包，所以不會發生。夫妻有各自所學成長，擁有不同優勢，需要兩人一起努力。

CHAP. 3

中年男子的實驗廚房

隱形殺手中毒謎案

很多網友因為我是男性，就以為是新手下廚（海），為了孩子從零開始硬上。非也，我理論最強，我可是國際空廚的白領出身（在航空公司空廚部門工作過），經常和各國廚師一起研討菜色，觀「看」大廚做菜。

論技術，我也是在義大利念過書的，雖然是毫無關係的商學院……但哪個文弱書生不是到了國外，就被逼出能燒一桌滿漢全席的本事，尤其在散步都會踢到好食材的國度。育嬰這一年，我還加上多年社畜的經驗，結合供應鏈及工廠管理的知識，打造了堪用又極具個人特色的家中廚房。

我會煮，但烹飪技術不穩定。

不穩定的技術，有時比新手還可怕。

新手的菜，你可以預知有問題，先避其鋒芒，待他成長。但不穩定的技術，可怕之處在於不知何時會出現問題。抓住家人的胃，或是抓爆家人的胃，隨時都可能發生。

之前第一次做馬鈴薯燒雞獲得巨大迴響，數日後在萬眾期待下又將同一道菜煮上了餐桌。結果馬鈴薯沒熟，導致我跟太太腹痛、脹氣，倒地1.5日。

廚房殺手建檔照——馬鈴薯燒雞。

神奇的是，這道菜明明上次大獲好評，包含兩個小孩都叫好，但這次姊弟倆卻一口都沒吃，安然度過這場風暴。相信孩子一定是收到守護靈（也許是兩位天上的阿祖）警告呀。

太太為了捧老公的場，雖然覺得馬鈴薯怪怪的，非但不鬆軟，口感還脆脆的。但她還是吃了一大盤，結果症狀最嚴重。

煮前我有一寸一寸確認馬鈴薯的肌膚，沒有發芽，應該不是茄鹼中毒，而是沒熟，但伴隨噁心跟畏寒的症狀又好像中毒才會出現。為了這道謎團，我還保留了食物檢體，以防我跟太太有什麼萬一，可以送去化驗（超專業的「事後」準備，不愧職涯的歷練）。

一週後，自上次煮了馬鈴薯沒熟，讓太太脹氣倒下後，下廚我都十分謹慎。這天做了輕漬白蘿蔔，想說蘿蔔本來就是生的，就沒有煮不熟的問題了。

結果，太太又倒下了，倒下的頻率真的好密集。

我心一驚，試吃的時候，有點苦苦辣辣的，該不會是這個問題吧？我做的當下沒有很在意（欸……不是說十分謹慎。）

太太倒在病床上後，勉強抬手貼了一段網路文字給我：

「生食白蘿蔔對人體並無任何危害，但是如果脾胃虛弱的人，就會出現腹痛、腹瀉等症狀。」

所以凶手不是我，是太太自己脾胃虛弱（反正先推責任就對了）。

雖然我的食物沒有問題，但不可否認是個廚房剋星，竟然剛好煮到相剋的食物。

至於白蘿蔔的苦味跟辣味，我上網查了一下，是來自外皮的芥子油，食用上沒有問題。不過，為了美味度，料理時應該去除。

好死不死，頂著腹痛的太太今夜要加班。我本想勸她以身體為重，但我已經沒

當晚罪魁禍首——左邊那小小碗白蘿蔔。

上班了，一個家不能兩個大人都不工作，所以還是讓她繼續忍痛加班好了。這位太太，辛苦了！請以大局為重。

產地直送，營養升級

請育嬰假後，就像每個憂心小孩不愛吃飯的父母一樣，我努力嘗試各種食材跟調味，企圖找出小孩願意大口吃又營養的食物。後來，我漸漸歸納出姊弟倆都偏好比較軟的食物，餐桌上最有嚼勁的肉類，吃得比較少。

蛋白質吃得少，是任何父母都不能接受的。但唯獨對魚肉，他們是一口接一口。魚肉纖維短，吃起來軟嫩好消化，富蛋白質、DHA、omega-3，對父母們來說都有著無窮的吸引力，看到孩子眼神中的光芒，我決定朝這方向火力全開。

首先，我開始挑戰上漁港買魚。

男性的浪漫，就在一股愚勇，如果剛好方向正確，那真是幸運。還好，這次方向正確。

吃魚最重要的就是貨源新鮮。

趁著放育嬰假時間自由，不如就搞大一點。想攝取最新鮮的漁貨，自然是去漁港了(目標再大的話，只剩出海捕魚了)。

我發現台灣的漁港還真是多，不只是大型觀光漁港，真的要認真買魚，還有一些偏重捕魚的漁港，其中稍大一點的還有魚販；規模小一點的，就要挑準漁船回港時間，在岸邊等著跟船家買。除了出海捕魚，還有定置網魚場也可以買到。

隨著漁港地點跟捕撈方式不同，出現的魚種也不一樣，比超市好玩太多了。

目標一貪多，事情就複雜，真的會搞死自己。

當我發現漁港這個新天地後，心就野了。一開始到漁港，只是為了求營養跟新鮮。但看到各種叫不出名字的優質魚獲後，又想把小孩養成自己理想中的樣子，也就是要有饕客的一面。

我所謂的饕客，是能鑑別享受美食，能認識跟珍惜食材的人。我想把育嬰假的自由時間運用到極限，包含讓小孩認識在地食材，進一步珍惜食材。

以前為了方便、怕殺魚、怕煮魚、怕挑魚，家裡吃的魚常常都是帶骨輪切或無刺魚片，最大宗是鮭魚、鮪魚、旗魚、鱸魚等等，我相信很多人家裡都是這樣。

雖然出生在到處是漁港的台灣，但常吃的都是進口魚／養殖魚，有點可惜。吃進口跟養殖也很好，但是種類比較少。

堅持數月後，吃魚的成果，我都要流淚了！

如果你在漁港看到一個男人蹲在魚旁邊翻書，或念念有詞地比對手機上的魚類資訊，那可能就是我。

跟超市比起來，漁港就像叢林一樣，什麼生物都有。躺在面前的海鮮，常常混有馬鞭魚、角魚、錢鰻、魟魚、鯊魚、木瓜螺等等，讓我不知道到該如何是好的東西。這些生物也許大家都覺得又不是沒聽過，但那是用水族館的角度來看。若想像這些都躺在你的家庭砧板上，就有如海妖一樣嚇人（所以我也避開了大部分）。

選定漁獲後，如果是一些比較大或外型奇特的魚，因為客人回家不好處理，魚販都會幫忙剁好。

此時我會大喊一聲：「刀下留魚，保它全屍！」

因為煮之前，我得先拿出整隻魚向小孩介紹，彷彿高級日料吧檯一樣。

之前在世界各國旅行，住在 hostel 很容易認識各國青少年，做深度閒聊。有些國家的料理習慣不同，有些外國人會覺得「魚就是一片一片的，有頭的魚很可怕！」

如果有魚是沒頭的，那才叫可怕吧。

總之，這些對話令我印象深刻。身為一個熱愛食物的爸爸，如果我的孩子跟自然界食材脫節，是我的恥辱，這種事萬萬不能發生。

自從開啟漁港採購模式後，我家天天餐桌上有魚。

認識午仔魚，姊弟倆還想
把魚拿去遊戲墊上玩，嚇死我了！

認識馬鞭魚

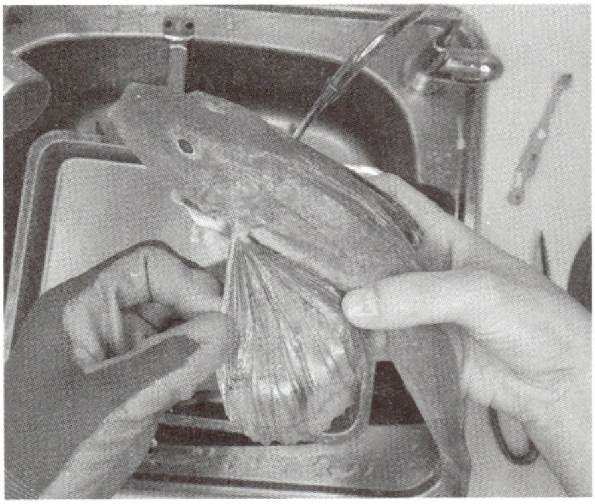

角魚的彩色魚鰭讓孩子很驚艷。

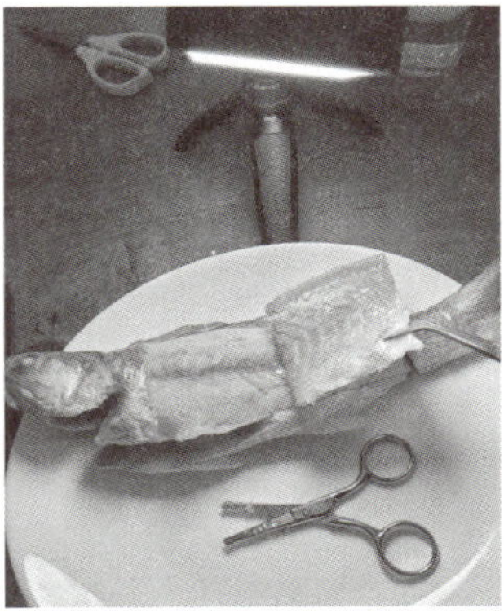

爸爸精準開大燈、
剪魚皮、挑魚刺。

持續半年後，小孩的成長發育開始加速。雖然不能斷定跟魚是否有直接關係，但我能確定的是入口量很大。姊弟倆每天分別都會吃掉半條到一條新鮮的魚，讓我做夢都會笑。

女兒才五歲，有天對我說了這段話：

「我最喜歡吃午仔魚，而且一定要用煎的。」

「沙梭吃起沙沙的，不要再買了！」

「馬鞭魚長得太可怕，滿好吃，但吃過一次就好。」

天呀！我可能十五歲都還無法分辨這三種魚的口感，也不會主動叫出這三個魚名。姊姊不但指定魚種，還指定料理方式。看來培養饕客的目標，也朝正確的道路前進中。

番外篇・媽媽的心聲

獨家盜文，轉貼自太太的臉書，字字血淚。

＊因下文是太太第一人視角，文中的隊友＝背包 Ken。

……（分隔線）……

當老天要鍛鍊你心智時，磨難是無限上綱的。

隊友為了姊弟倆的成長曲線，無所不用其極，姊弟熱愛吃魚，於是隊友走遍各賣場漁港，甚至研究定置漁場的分佈及拍賣生態，就為了像獵人般帶回各種稀奇魚種，娛樂（生物課？）並餵飽小孩。

我本來沒有不喜歡吃魚，但確實也沒有特別熱愛，如今實在歷經太多次晚間飢餓、卻必須靜下心來挑刺才能進食的煎熬。

今天晚上，細數著挑出來的五十根刺之後，心想著終於可以吃了，沒想到居然在喝下一口魚湯時，被漂浮在湯裡的小刺哽到。

炸裂！理智炸裂！

有人問，那小孩不會吃到刺嗎？

完全不會，因為隊友配備了ＬＥＤ強光攝影燈，加上手術用的鑷子與尖夾，小孩每天快樂吃到的是肉質各異風味多元，一口一口軟嫩的海洋好朋友們。

以後小孩長大，如果問媽媽曾經為他們犧牲過什麼，我想就是週間每天晚餐的那五十根魚刺吧！（還有卡在喉嚨的第五十一根刺）

男人這麼認真，一定有問題

光憑父愛就能風雨無阻，這麼堅持地奔波海邊，連我自己都不相信了。爸爸這種生物，最會找省力或一舉兩得的方式，來支撐育兒計畫。就像美劇裡，爸爸每次都願意半夜開車去買尿布，但回來都會帶一手啤酒。

自願一打一帶小孩出門活動，因為可以合理買票，一起去看大聯盟。在台灣，小孩希望玩玩具時，爸爸能在旁邊，於是爸爸就把枕頭拿到遊戲墊上睡。

不用上班之後，除了托嬰中心、幼稚園、賣場等幾個固定出沒的地方，好像已經沒有非去不可之處了。尤其是看到家裡這麼多事情要做，更不會出門，漸漸埋沒在家事之中，變成黃臉先生。

我需要一個外出的理由、可設定汽車導航的目的地及可以深入研究的事物。去漁港買魚這個活動，就像巧克力出奇蛋一樣，三個願望一次滿足。在各地漁港看海之餘，還可以鑽研技術、購買裝備、分析商業運作，實在讓人無法自拔，自得其樂。

首先，要買一個好看的保冰桶，出門買魚才會帥，才會保鮮。既然奔波取得新鮮魚貨，當然也不能敗在處理跟保存上。

把魚帶回家後，通常魚販已經殺過了。但漁港殺魚大都很粗略，只能說內臟有拿掉而已。魚體的雜質愈多，魚在保存時腐敗愈快，所以回家後要再刷血溝、放血、剪魚鰭、頭尾血管劃刀、去除腹中的黑膜、處理受傷部位。

這樣一來，就有買裝備跟鑽研技術的理由了。

☑ 日本進口專門的殺魚剪刀：附帶彈簧，能夠連續剪長排魚鰭。

☑ 帶噴水壺的刷子：邊刷血溝邊噴出3％鹽水，減少魚體處理暴露時間。

☑ 砧板支架：讓砧板改架在水槽上，魚體殘渣直接落入水槽，乾淨衛生。

☑ 帶針矽膠管（放血）：插入魚的血管中，用水壓將血排出，降低魚體腐敗速度。（我還沒鑽研成功，目前水都回噴到我臉上，血都沒出來。）

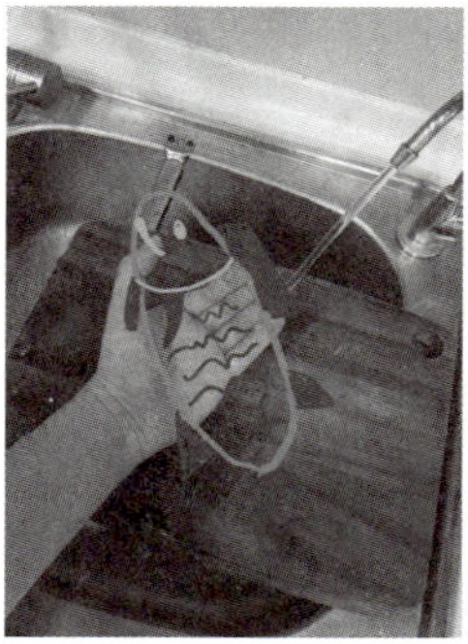

砧板支架改良水槽＋手繪操作圖。

以上，重新操刀，把魚再殺乾淨一遍後，還沒結束。接下來要用3％的鹽水浸泡，目的是為了消毒清潔、水解藥劑（如果有）、還有多少再排出一點血。

於是，又有買裝備跟鑽研技術的理由了。

☑ 電子秤跟超多的鹽：為了調３％鹽水。

很多男人都有不能讓太太發現的一面，例如常常忘記帶小孩外套，編個理由說「粗心是天生的，不是沒放在心上」。然後有一天，被太太發現老公細心地用電子秤調製３％鹽水。

☑ 冰箱清出空間：鹽水要浸泡三十分鐘到數小時，並且低溫保存。

利用冰箱內的透明儲存盒浸泡，結果太太回家打開冰箱，差點嚇死。彷彿一個死亡水族箱，剪掉魚鰭開膛的魚在水中漂浮，輔以冰箱中昏暗的黃燈。

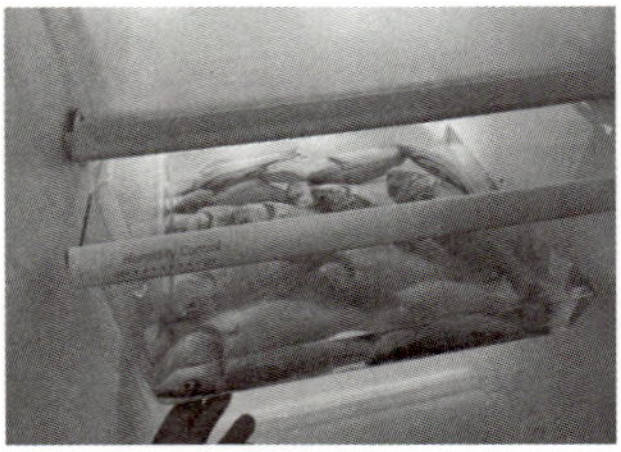

死亡水族箱

泡完3%鹽水後，魚體要取出擦乾，再用無螢光劑的紙巾包覆並塞滿魚肚，保持乾燥。接著連紙巾一起裝袋吸成真空，最後寫上日期跟魚名後冷凍。

乾淨低菌的魚體＋真空＋冷凍，就是最好的保存狀態。

所以，又是買裝備跟鑽研技術的理由了。

- ☑ 冷凍專用的食品級塑膠袋。
- ☑ 工業用奇異筆：可在有油有水的表面寫字。
- ☑ 園藝黃色水管：塑膠袋抽真空是我用人工口吸的，很多日本師傅都這樣做，不是亂來。黃色水管夠厚，才不會在我強大的吸力下坍掉。

人很奇怪，明明不想上班，但沒上班的時候，又想著一身社畜的武藝該何宣洩？畢竟大腦已經像這樣運作多年。

無業的男人，彷彿想找回點什麼（哈哈），還會忍不住研究起商業模式。所以，在不同漁港跟魚販間穿梭久了，職業病上身的我不自覺歸納出通路特性。

我將漁港分為四種（以我常去的魚港來觀察，不是全台的）：

大型觀光漁港

特色就是漁貨較高比例不是當地捕撈的，有很多進口漁貨在這邊解凍、分割、銷售，另外還有販賣很多養殖魚。

可能很多人會排斥地說：「都跑到漁港了，還買進口跟養殖的！」

我倒覺得優點也很突出，不妨把觀光漁港想成大型海鮮超市，因為商品流動快，各路漁獲都會前來。也因為商品流動快，自然選擇多又新鮮，不管進口、養殖、本地漁獲都是。況且養殖魚低價、品質穩定，冷鏈的銜接也比較好，我很常專程去買養殖午仔魚。

為什麼商家要賣進口跟養殖的呢？因為這裡客流量大，需要穩定大量的商品。本地捕撈的魚獲大小不一，種類不一，賣起來比較慢。這種大型漁市場，如果真的要賣本地漁獲，那可能就是一支釣的才夠本，品質更好，單價更高。

中型，足以有市集的漁港

這是我最喜歡的漁港規模，這種漁港不夠大，客流不足以支撐進口魚跟養殖魚進來賣，所以都是非常多元的本地捕撈漁獲。我常常比對，發現魚種會隨季節變化，前晚風浪大會無魚可賣（船沒出海），可見都是野生的。

這種漁港規模不算太小，足以成立拍賣中心或市集。對比下一個小漁港，買東西更方便。

小型純捕魚漁港

漁獲跟中型漁港類似，幾乎都是野生剛抓上來的。問題是常常小到連市集沒有，需要算準時間，等漁船靠岸，再跟船家交涉、搏感情。

雖然過程很有趣，感覺又是投入一個好玩的坑，但我要配合小孩的作息，這種不定時的產地，只好放棄。

定置網漁港

這個運作模式很有趣，船家在外海有定置網，定時出海回收漁獲。大家都會在漁港等待，有什麼魚不知道，就像一起挖寶。

這種漁港的問題不在漁獲，而是我的戰力很弱。

全場的前輩們似乎都是殺伐果斷的狠角色，解開魚網的瞬間，瀑布般的魚貨落下，大家就用比實際年齡年輕三十歲的身手撲上。我還在認魚，魚就不見了！就算奮力上前搶魚，也完全不是對手，很有可能被擁擠的人群踐踏。

想想，家裡嗷嗷待哺的孩子需要父親，還是好好珍惜生命吧！

備註：本篇非教學文，重點在無業男子找到投入一件事的樂趣。

社會科學組的職人料理精神

我一定是煎魚煎到走火入魔了。

不，應該是從買魚開始就太認真，殺魚保存的時候工程又搞太大，以至於在廚房煎魚時騎虎難下。就像唱歌時不小心起音太高，等到副歌又要飆高，已經不是說降就能降的。

人家說，男性因為大腦的缺陷（胼胝體比女生細很多），所以常常陷入單項事物的鑽研

吃鐵板燒無法專心。

中無法自拔，我可能就是這個反應。

以至於吃鐵板燒的時候，聽說煎午仔魚是這家店的招牌，我竟按下碼錶，記錄師傅煎魚的步驟跟秒數。在家製作像番茄炒蛋時，我也會記錄了自己每次的做菜步驟，進行比較，沒想到現在連餐廳廚師的做法都一一記錄了。

☑ **我的做法**

看師傅手上這厚度的魚，我會用中小火單面煎五分鐘，翻面再煎五分鐘，很多家庭應該也是這樣煎。（看很多網友的煎魚祕訣都說，單面要一次煎到好，只翻一次。）

☑ **鐵板師傅的做法**

將魚放在鐵板外緣，先單面煎四分半鐘，再翻面再煎四分半鐘。

然後，跟坊間祕訣最不一樣的來了，師傅先翻了一次煎四分半鐘，又再翻一次煎四分半鐘。

（翻三次，每面煎了兩次，總共十八分鐘，幾乎是我的兩倍時間。）

師傅煎出來的魚皮，不只看起來脆，脆的部分還比較厚，像是一片餅乾。

在料理研究上，我從幼年就啟蒙了，而且涉略範圍還延伸到國外。小時候研讀許多日本料理漫畫，如《將太的壽司》，日本壽司大師鳳征五郎就有說：「真正的技術是天天用眼睛偷學、用心思考。」

所以眼睛偷學跟碼表記錄完畢，我心中的廚房小劇場就開始推演了，仔細思考師傅的每個步驟，尤其為何魚要單面煎兩次？

師傅的魚，一開始放在鐵板外緣。

這點可以理解，外圍就等於中小火的意思，鐵板燒看起來一整塊沒有畫線，但廚師自己知道每個區塊溫度不同。為此，我特地去查了鐵板燒的火力設計圖，來證實自己的想法沒錯。

總共煎十八分鐘，幾乎是我的兩倍時間。

這點也可以理解，之前光顧過宜蘭一家高級的鐵板燒，中間一道菜，師傅也是以小火煎魚皮好久，久到我都懷疑是否快要上最後一道甜點了。結果魚皮也是像餅乾一樣，又脆又厚。

共翻三次，每面煎了兩次（重要差異）。

這就不太敢說理解了，我想到兩個可能性。

可能一：

為了久煎讓皮脆，又要防止中心魚肉太熟。多翻面，從魚皮到中心的熱傳導就要重來，對外皮溫度影響不大，但中心就可以少受點高溫。（心中暗想，下次也要測試看看。）

可能二：

師傅翻面時，心裡叫了一聲「SHIT！太早翻了！」，只好再補煎。

（每項差異，不一定背後都有深度，也可能是失誤造成的。）

連續番茄炒蛋記錄

待過食品廠跟科技廠，我很清楚生產線要進步，必須有日常記錄。

所以，我會記錄每道菜怎麼做，也會記錄小孩吃飯的反應。

因為料理步驟千變萬化，同一道菜，每個人做都不一樣，而技術不穩定如我，更是同道菜，每次做都不一樣。

有日常記錄才能回溯原因，哪次成功了，小孩愛吃，就能如法炮製；哪次不幸失敗，讓家人吃到倒下，就能避免悲劇再度發生。

這個月，我第二次煮番茄炒蛋。

番茄炒蛋是道很有趣的料理，別說每戶人家的媽媽做的味道都不一樣，同一人每次做的可能也不一樣。很簡單的一道菜，但操作變化的點很多。

光是蛋汁就粗分三種狀態，生蛋、半凝固跟全熟。

番茄也分兩種，冷漠的番茄或是熱油炒到出汁的番茄。

以上3×2組合，就有六種從外觀來看不同的番茄炒蛋。

我第一次做的步驟是：❶番茄油炒出汁，不起鍋；❷生蛋直接下，稱它為實驗體A。

原想蛋汁在凝固階段，可以吸收到最多的茄汁，結果確實如此。蛋與茄汁交融無法分離，讓小孩無從挑食，因為挑不出來。

雖然是刻意為之，但吃了才發現不是我喜歡的口感，因為蛋的特性需要吸熱吃油才會膨膨香香。把蛋下在番茄汁裡，水分多，溫度低，蛋就多了一絲水煮或蒸蛋的感覺。

實驗體A的結果↓膨膨香香的蛋10%，蛋體吸收番茄汁90%。

第二次做的步驟改成：❶蛋炒半凝固，起鍋；❷番茄油炒出汁，不起鍋；❸**半凝固蛋二次下鍋，稱它為實驗體B。**

原本以為膨膨香香的蛋50%跟蛋體吸收番茄汁50%，可以取得各自優點。但想像是完美的，現實上因為拍照耽誤了五秒，蛋提早凝固，無法吸收茄汁。吃起來，番茄是番茄，蛋是蛋。

實驗體B的結果↓膨膨香香的蛋90%，蛋體吸收番茄汁10%。

如果再加上其他差異，加鹽還是糖、下鍋順序、番茄切法、蛋凝固狀態……再做細分，何止六種變化，可能要拿出Excel表計算了。

實驗體 A

實驗體 B

小孩用餐記錄

實驗體Ａ：

蛋體是我不喜歡的水煮口感，但姊弟卻把蛋吃光，只留下帶皮番茄。太太晚上回家看到餐桌，以為我煮的是炒番茄。

實驗體Ｂ：

姊弟依然把蛋吃光，留下去皮番茄（我本以為去皮就會吃），太太晚上回家看到餐桌，還是只看到番茄。

以結果論，雖然爸爸內心小劇場那麼多，其實蛋膨不膨根本不重要，孩子都會吃。但用營養來決勝負，應該使用第一次的料理方法。讓蛋跟番茄汁密不可分，小孩吃蛋等於吃下番茄，挑都挑不掉。

只要有心（計），人人都是廚神

在粉絲頁分享煮菜心得一週後，竟馬上有人私訊指教：

「煮太少道。」

「怎麼沒有四菜一湯？」

或許82年金智英跟台灣家庭發展史上，許多老媽都是被這樣逼死的，我很快就感受到，為何很多女性說煮菜有壓力了。

我相信以下這些對話，一定在國內外家庭餐桌上反覆發生：

「你的菜太鹹。」

「你的菜太淡。」

「怎麼沒有深綠色蔬菜？」

「怎麼肉那麼少？」

煮了肉，又嫌食無魚，以為自己是孟嘗君的門客嗎？

煮了魚才說要海水魚，怎麼不一開始就講？

買了海水魚，又說要沿海抓的小型魚類，因為大型洄游魚位於食物鏈頂層，會累積微量重金屬。好吧，嫌微量，就給您足量重金屬好了！

還有，明明不會煮菜的人，吃完還假裝高品味，硬要指點一下，說：「缺少了色、香、味。」

好吧！都依你。把你那份噴上「麝香味」後，又突然帶上白手套，轉身摸窗溝，說：「是灰塵，煮菜能花多少時間，怎麼就沒時間打掃了？」

欸，離題了，你剛剛說什麼？「煮太少道」是嗎？

身為一個堅實上班族，早就看過許多部門一個專案當四個呈現的精湛工作術，這下子，怎麼難得倒善於觸類旁通的我呢！

今晚，本來滷了一鍋爌肉，我硬是分開裝，哈哈。

滷蛋裝一盤、滷豆腐裝一盤、爌肉一盤、再加一盤炒空心菜，這樣一來就四道了。別再說什麼「四菜一湯」，還少一湯呀！大不了我把滷汁盛一碗出來，如何？

一鍋滷出三道菜，誰能說不是？

謹慎推出新服務——太太的便當

有一個新服務我遲遲不願推出，就是太太的上班便當。

取自於MBA所學跟長期當上班族的觀察，通常獨／寡占事業在創新上有兩個特色：❶不輕易推出新服務；❷明明手上有很多新服務，但故意不一次全部推出。

這兩點很好理解：

❶不輕易推出新服務，因為獨／寡占的市場，顧客無處可跑；新服務會增加企業的成本跟風險，獲利又不會明顯增加，何必去做呢？所以不輕易推出新服務。

❷明明手上有很多新服務，但故意不一次全部推出。俗稱「擠牙膏」，像是曾經獨大的CPU大廠，每年都跟你說技術大幅突破，但用起來一定會讓你覺得快了一點，又絕對沒有大幅突破的感覺。

目的就是市場競爭不激烈，不用衝太快，但還是要定期推出新服務，刺激一下買氣。可是，一次推出太多新玩意，會把顧客胃口養大，而且隔年沒東西推，所以要故意慢慢推。

身為家中掌廚者，就是一個絕對的獨賣事業，連寡占都沒有。（畢竟當人老公，誰在跟你寡占的。）

家庭獨占事業最需謹慎的，也是推出新服務。現有的煮晚餐，大家都習慣了，也沒多要求。一旦推出新服務——太太便當，負擔就會增加，還有機會被譙「不到位」。如果發現顧客期望值比較高，繼續做仍然不到位，想取消新服務時，又會被客訴說服務縮水。

（一般預防性邏輯，不是針對特定對象——我太太。）

結論就是，一開始不推出新服務就好。

但基於剩菜不好抓（阿……不，是為了太太的健康），還有已經煮了大半年晚餐，需要推新服務來刷存在感，我終於讓新的服務上線了。

本來兩大兩小的煮菜分量就不好抓，若以兩個大人為主，量太少不好煮；改以兩大兩小抓分量，兩個小孩不時會來個一口都不吃，剩菜就會暴增。

但隔天有帶便當就不同了。便當就像是一個蓄洪池的概念，如果量多溢出來，有蓄洪池就可以接收調節。如果晚餐吃光光，隔天便當服務暫停就好，也不是件大事。

這在管理界中稱為「綜效」，不要毫無關係地承擔一個新服務，最好是新服務跟舊服務可以一起分攤成本，或有1＋1＞2的效果，就稱為「綜效」。

決定推出新服務後，我馬上從櫥櫃深處拿出了「新的」便當盒。

我挑選食器毛很多，櫃子裡已有一堆保鮮便當盒，但玻璃的很重、塑膠的忌接觸油脂、圓形跟方型擺菜不好看、可微波不鏽鋼會燙手……不斷上網搜索，覺得可微波不鏽鋼＋外有塑膠包覆的比較理想。而且長方形的擺菜比較好看，因為放菜比較立體，也不容易搖晃、位移。

太太的便當

挑東西這麼多毛，卻能一下拿出新的便當盒，你發現了嗎？

對，我也擠了牙膏。

一請育嬰假就推出晚餐跟便當，會讓顧客胃口習慣那麼大。但留著半年後才推出便當，顧客會感激涕零，覺得我一直在進步。是不是很有行銷頭腦？

小廚房的「供應商評鑑」跟「生產設備自動化」

很多人知道我請了育嬰假一年煮飯，小孩吃得很好。但他們也關心：一年結束，以後吃不到怎麼辦？

放心，為了上班那一天的到來，我也準備了將近一年，如今已神功大成（而且不須自宮）。

我用工廠流程的切入點，把煮菜分成進貨跟生產兩階段。

過去的一年，雖然可以運用的時間比起上班時多了很多，但我沒有花大把的時間去菜市場買菜、慢慢熬煮功夫菜，而是模擬上班後會有的時間限制，不斷把進貨跟生產的工時縮短。例如下班回到家是晚上七點多，要如何讓家人八點前就能上桌吃飯；還有早上六點出門上班，晚上趕著回家煮飯，究竟要怎麼擠出空檔去採買豐富的食材。

具體來說，我是花了很多時間，在做供應商評鑑跟生產設備自動化。

我幾乎沒有上市場買菜，而是嘗試各種網路下單，包含冷凍宅配、APP外送生鮮雜貨、地區性菜販自送。

每個貨源有它的強弱項，還有商家處理的品質差異，直接買來煮最容易理解。

例如，我發現冷凍宅配魚類是強項，主要是因為魚的鮮度變化很快，從源頭就凍起來。雖然會降一級鮮度，但之後就不太會再往下掉。

地區性菜販青菜種類比外送生鮮多，主要因為小菜販批貨很自由。

反觀外送生鮮，貨源主要來自連鎖超市，連鎖超市只收能大量標準化種植的菜，有了包袱，選擇就少。

但雞、豬肉我喜好來源就不同了，地區型菜販多是送溫體肉，雖然便宜好吃，只能放較少天數，必須很快煮掉，很有壓力。而外送ＡＰＰ的生鮮，通常都是來自超市的冷藏肉，價格比菜市場貴一點，但可以放三到五天，比較不容易浪費。（以上貨源特性，也跟我購買的個別商家差異有關，不一定適用全台。）

以上都是在我家建立的供應商組合，現在不需要出門，就可以得到我要的品質、價格及食材種類。這樣回去上班後，就不用抽時間去買菜，還吃得更營養。

另外，如果每道菜都需要瓦斯爐，煮完一道換下一道，煮菜時間就會拉很長。所以，我盡量嘗試每餐只設計一兩道菜需要在瓦斯爐上人工完成。

其他就由水波爐、氣炸鍋、萬用鍋、煮蛋機等各種設備，在使用瓦斯爐的時候，同步自動完成。

用一頓簡單晚餐當作例子：

- ☑ 日式香菇炊飯
- ☑ 炒蛋
- ☑ 烤蜜汁梅花肉
- ☑ 炒青菜
- ☑ 帶皮無骨雞腿排

花三十秒先把菜丟到流動清水去農藥，因為要等待浸泡30分鐘，可以去喝咖啡、追劇。

正式開始

❶追完劇可以開始備料，切菜、打蛋、切肉跟醃肉（花十分鐘）。

❷接下來開始丟東西（花五分鐘）。

萬用鍋→放入米、紅蘿蔔、香菇、醬油、水＝日式炊飯

水波爐↓放入已用蜜汁醃過的梅花肉塊＝蜜汁梅花肉

汽炸鍋↓放入已斷筋的帶皮雞腿排＝烤腿排

❸接下來炒東西，唯兩道需要人工開瓦斯爐的菜（花十五分鐘）。

炒一道青菜，炒一盤雞蛋。

好了，煮菜結束，以上總工時二十五分三十秒（扣掉追劇喝咖啡時間），但萬用鍋、水波爐、氣炸鍋等自動化設備都還在跑，怎麼辦？

沒關係，它跑又不是我跑，我責任已盡，這時候又可以去追劇、喝咖啡，等它跑（但通常此時我會去接孩子）。接完孩子，機器也跑完流程了，前面花的二十五分三十秒，加上盛盤的時間，也會是控制在三十分鐘內。

自動化，並不是會開機就好。要讓機器發揮作用，菜單設計就要發揮不同機器的優點。例如萬用鍋很適合燉，還可以輕微煎一下；氣炸鍋可以讓肉類產生漂亮的表皮梅納反應，但是速度太快了，如果是富含膠質筋膜的肉類會來不及軟化。這時慢烤的烤箱，就最適合拿來使用。

菜單設計除了配合機器，還要配合我會煮的、好買的（又關係到前面的供應商評鑑）、跟小孩愛吃的食材，所以要花時間不斷實作跟調整。

原本做菜要一小時，就可縮短到半小時，還更好吃！這是我的研發料理心得。

雞排跟日式炊飯真棒，
不用花太多時間動手就能上桌。

煮很手工的東西時，如茄汁扒炸蝦仁，
其他菜更要自動化。

CHAP. 4

脫下上班族外殼的新世界

放育嬰假的第一天

一清早，我就用四十五度鞠躬，來目送家中唯一的經濟支柱出門，迎接這全新的一天。

接下來這一年，沒有薪資收入的我，只能用勤奮的肉體來償還家用。所以送走太太後，我就開始清洗出國回來十天九夜、如同聖母峰高的衣服，然後清洗陽台，調整擺設，想著怎麼改造出一個適合兒童活動的戶外空間。

接著是育嬰假的重點，實行一個內外兼顧的料理專案。成品要華麗，還要兼具營養，能吸引原本不愛吃飯小孩，並且滿足大人的味蕾的晚餐。

我想看看，一年後，小孩的生長曲線會不會到TOP10%，而大人則是吃到BOTTOM10%那麼苗條。

既然野心那麼大，看來當天晚餐只能來道「中華一番，昇龍炒飯」了。但根據以往的經驗，做昇龍炒飯一定會發生花五、六個小時才搞定，然後全家上桌後一片歡樂、笑翻、打開拍照，一哄而散。

孩子們不覺得那是正經的晚餐，過了半小時還問我：「所以，晚餐吃什麼？」「吃麵可以嗎？」

為了避免這種情況，因此第一天，我決定來個狗狗造型奶油燉飯就好。東西雖簡單，但做得好也是不錯。只可惜我今天鬼失手，端上桌後，大家還是一哄而散。

今天的飯看起來一臉安詳。

如果要為第一天的料理下個標題，那一定是：

「你特地放掉工作收入，在家當煮夫，就為了煮這種東西出來？！」

更多創意作品集

邪惡史奴比塔可飯。

生活化的創作。

河馬也愛吃的拿坡里義大利麵。

抱歉，我是個沒有信用的人

盡量自己煮，但難免有例外的時候。有時女兒想換換口味，有時下午帶孩子看感冒沒時間煮，還是會叫外送。

某一天，也是這樣點了 UberEats 但信用卡卻刷不過，我打去銀行，客服說：

「先生，這邊查到您的信用卡額度〇〇萬……」

我心裡才正平靜想著，「對呀，幾十萬耶，一個月怎麼可能刷完呢。」

客服就接了下一句：

「目前剩下391元」

（我：什麼！！！！！）

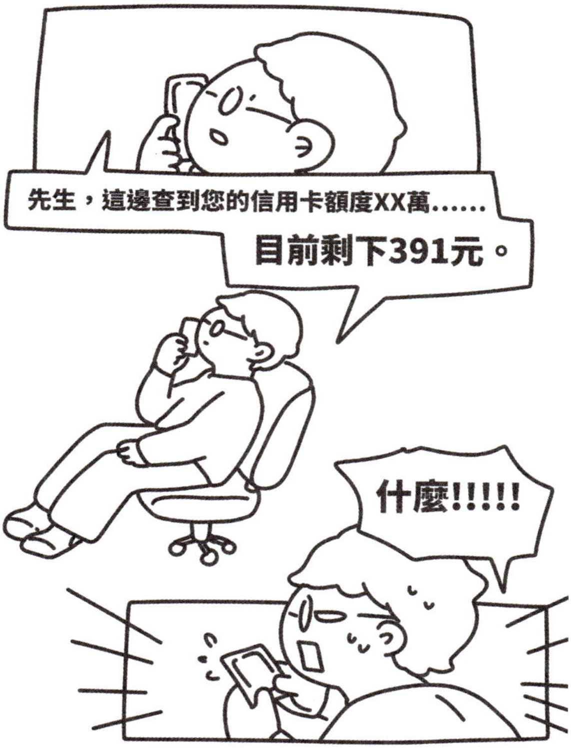

我太震驚了，以至於聲音慌張，還破音分岔地問：「什麼！！妳再說一遍多少？」才開口就覺得實在太丟臉了，竟然對客服人員失態。

但幾十萬的信用額度剛好只剩這麼一點點，刷不過一單435元的「鬍鬚張」外送，實在衝擊很大。

但幾十萬元額度，怎麼會刷爆呢？

因為對育嬰假的計畫，不只是單純照顧，還希望帶著兩邊阿公阿嬤一起出國旅行，創造美好回憶。

為了方便預訂機票旅館，我先代墊刷卡，總共二至三個家庭的支出，超出了我的信用卡常態額度。

但我愈想愈不甘心，這額度也太少了吧！

這張卡是我當社會新鮮人時就辦的，現在年薪已是數倍，在這個銀行隨便發金卡、白金卡的年代，還只維持當初的信用額度，太不成比例了。而且這張信用卡還一直是主力卡，所以一路上公司職稱改變、定期消費增加，常有不定期出國旅行大筆消費，銀行都是有紀錄，而且我都自動轉帳秒還款。

銀行不是很積極行銷嗎？常常主動打來鼓吹我借錢，說：「恭喜您被我們選出是優質客戶，特別提供低利貸款。」

但怎麼一直提供的信用卡額度，都停留在我剛出社會的狀態呀！

（可能銀行KPI是要新案啦，但我就是一股悶氣要宣洩。）

心裡這樣想，一股莫名的自信升起，我馬上在電話中就跟銀行反應：「按你們掌握的我個人財務狀況，應該很容易可以提高額度吧？」

客服人員說：「可以的，請給我最近三個月薪資證明。」

「可以的，請給我最近三個月薪資證明」、「可以的，請給我最近三個月薪資證明」、「可以的，請給我最近三個月薪資證明」……

身為一個目前只有育嬰補助進帳的人，我也只能含淚客氣地說：

「沒關係啦，我還有幾張卡可以湊一湊。」

最近追一部韓劇《車貞淑醫師》，劇中優秀的女醫師畢業就投入家庭，晾著自己的醫學專業二十年。但學霸的優秀能力仍在，用家管的角色幫助丈夫孩子一路在醫界平步青雲。

裡面有個重要的場景是車貞淑說：「為什麼我為這個家庭貢獻那麼多，但我名下唯一的東西是手機，沒有固定收入，連信用卡都不能辦？」

當然，我距離車醫師的慘況還很遠，我只有家管一年，而且還是留職停薪。不過，與銀行專員通話的無言以對，真是寫實。在這世界的經濟體系中，個人奉獻的機會成本跟家務是算不進財務價值的。

備註：沒有要怪銀行的意思，在商言商，畢竟評估還款能力需要有依據。

爸爸沒有賺錢，是一個小偷

沒上班，幾乎沒人嘴過我，因為我都仔細站在同溫層正中央，但沒想到，被兒子從背後開了機關槍。

某天一家人去大賣場，離開前，我下車去繳停車費。

這時鏡頭帶到後座，一向自命為弟弟導師的姊姊，對著弟弟講述：

「爸爸去繳停車的錢，如果沒有繳錢，就是一個小偷。」

正在學講話的小孩（指的是弟弟），最恐怖的是每段話只能學個七成，不知道剩下的三成會歪到哪裡去。

然後，弟弟就試著拼湊剛剛的句子：

「爸爸沒有賺錢，是一個小偷。」（是指用媽媽的薪水嗎？）

此時我不在車上，怎麼會知道呢？這就要將鏡頭帶到前座了。繳完停車費，才打開車門，我的腳都還沒跨進來，媽媽就急著說明剛剛在車內發生的對話，目的是在弟弟開口之前先撇清關係。

顯然媽媽也機敏地察覺此事危險性。

在這敏感的時間點，兩歲多小孩竟能精準掌握時機，講出如此成熟度及攻擊性兼具的話。任誰想像，都很難不懷疑是大人指使的，而剛剛車上的大人只有媽媽。

基於夫妻間的信任（而且我的確暫時沒有賺錢，也不敢太忤逆），我沒有說什麼。但對後座的兩歲逆子，我想說：「我的存款還沒用完，你老爸才不是小偷呢！」

沒想到，隔一天事件大條了。

當小孩學了新的話，而且大人反應很激動時會怎樣？相信當過父母都明白。

……他就會不斷練習呀……（覺得超好玩）

隔天在車上，我們約了許久不見的老朋友們（多達二十人）烤肉，正開車前往營地中。後座的弟弟突然想到什麼，然後就像八哥鳥附身一樣，一路用各種音調及旋律哼著，從烏來山腳唱到烏來山腰：

「爸爸沒有賺錢，是一個小偷。」

「爸爸沒有賺錢，是一個小偷。」

「爸爸沒有賺錢，是一個小偷。」

我們夫妻感到十分驚恐，弟弟該不會哼著這句一整天吧？

完了，我們在朋友圈就要被傳出家庭失和了。

身為家臣，最忌功高震主

那天，一進房就看見太太把臉埋在枕頭中流淚，女兒好像做錯事一樣站在旁邊，但又一副不知自己有什麼問題的無辜表情，只是平鋪直述講出感覺有錯嗎？

透過枕頭，隱約傳出太太悶悶的聲音。

太太：「剛剛你女兒說，她比較愛爸爸。」

因為講到媽媽，女兒說：「媽媽只做一件事，收玩具。」

但講到爸爸，女兒說：

「爸爸做的事很多。」

「會煮飯給她吃，送她上學。」

「放學前會先捏糰子，她一上車就可以吃。」

「爸爸晚上還會打任天堂的薩爾達傳說給她看。」

（打電動也被誇獎，可能人帥做什麼都對吧。）

我趕緊跟女兒解釋：「媽媽上班事情更多，雖然你們看不見她工作的樣子，但你享用到的一切（包含爸爸晚上有空打任天堂……這我沒講），都是靠媽媽在外面做的事情。」

但女兒不理解，她只能感受親眼看得到的部分。

我心想，完了！

現況四個字足以代表：「功。高。震。主」。

我超過三十歲才開始學習家事，資歷尚淺；但不到十歲就開始上歷史課，堪稱透澈。

歷史記載，范雎晉見秦昭襄王時，點出秦王心中的要害，「秦人只知有宰相，不知有秦王。」此後重用范雎，開始一步步剷除舊勢力。

歷史上功高震主者，下場都不是太好。但我有現代人的職場智慧，就是工程完工，都要安排長官剪綵。我趕緊跟太太討論，有沒有什麼事情爸爸做完，但可以假裝是媽媽做的事。像是：

送孩子上學

接孩子放學

幫孩子換尿布

幫孩子泡奶

幫孩子洗澡

幫孩子吹頭

……

以上沒有一件可以，除非做的時候把小孩矇上眼。

但好像……煮飯可以。

若是爸爸煮好飯，媽媽端出來呢？

我一定是眼睛脫窗才提出這個方案，因為我們家廚房是玻璃隔間。

完蛋，沒救了。

不要問別人，只要做家事是不是很閒？

週末放風和朋友聚會，久聞我請了眾人不敢請的育嬰假，席間朋友不斷詢問、打探：

「欸，老實說呀，育嬰假很爽吼，實際上都在幹麼啦！」

「就老實說呀，麥假了，家事哪有這麼多呀！」

就是一臉「兄弟，我懂啦！對我，你講真話沒關係」的樣子。屢次岔開話題後，沒講沒幾句，朋友就會繞回同樣話題。

彷彿沒有聽到我親口講出：「我都睡到自然醒」、「膩了就去公園曬太陽」、

「會到廟前跟老人下棋」、「常在榕樹下搖扇子睡覺」，就不算講真話一樣。

這也反映了一件事，很多人心裡其實沒有疑問，只有答案。他們已有的答案就是不上班很爽，做家事就是沒事。

問一個看似簡答題，實際上為是非題，只想要聽到你說「是」。

仔細想想，為什麼很多人對負責家務的人會有這種想像？

家事有多忙，很難表達的原因有兩種：

❶例行性的↓日常事情，講出來「看似」沒什麼。

❷一次性的↓數量超多，種類超雜，但難道要列表一一講？

先說第一個，如果我說：「洗衣、晚餐、打掃，還有陪小孩寫作業、洗澡、換尿布、刷牙、哄睡覺」，這些每天都要做的事情，對方可能不明白，會心想：「這些事情，哪個家庭沒在做。以前用下班的時間就能做，現在全職全天來做，不就是沒事做？」

事實並非如此，完成同一件事有不同做法，若有更多時間，大家都想給家人更好的。以前只是將就，現在有了時間，可以無上限的做得更好。

同樣是晚餐，那幾家外送叫到膩，是晚餐。

但有吃到五穀雜糧、青菜、奶蛋魚肉豆、食材切到小孩適口、煮到軟硬適中，不同魚種、不同肉種、不同肉的部位，不同煮法交錯跟調味，也是晚餐。

同樣是陪小孩寫作業、洗澡、換尿布、刷牙、哄睡覺，疲於奔命拉著小孩趕，勉強能做完；但有時間引導、了解小孩的落差，一起找方法，也是做完。

你選擇哪一個？以前我沒選擇，但現在我有時間可以選後者。

總之，當你說出「洗衣、煮飯、打掃……」，對方很難想像，覺得「有什麼大不了」，但講細節又太累贅，還要確定對方聽得懂，何必為難自己。

第二個原因是一次性的家事很多，不可能一口氣講完（除非隨身帶講稿）。

雙薪家庭的夫妻上班都早出晚歸時，很多事可以得過且過。若你有時間仔細思考，就會發現好多坑需要填。這些事很多是一次專案性的，沒有做過，需要先蒐集資料再著手進行；一件一件加起來，超花時間。

例如，我自己做過的一些非例行性家事：

- ☑ 重打浴室跟廚房發霉的矽利康（看YouTube學習師傅的技巧）。
- ☑ 重鑽浴室門鬆脫的絞鏈。
- ☑ 檢視家中的銳角，用泡棉黏得更周延（隨著孩子長大，撞擊點持續改變）。
- ☑ 把陽台打造成兒童戶外空間（上網研究、買材料超花時間）。
- ☑ DIY在廚房增加吊桿掛鍋子。
- ☑ 研究家中織物材質來選擇烘衣機（可以節省45%晾衣時間）。
- ☑ 把裝線槽散落的電線藏好（掃地機才好使用）。

☑ 進行除水垢、黴菌、油垢的實驗（之後回去上班，清掃才省時）。
☑ 找出安全又合自己做菜習慣的鍋子。
☑ 研究各種食材以及保存方式。

這些事，請育嬰假至今，已經做了幾十件，列也列不完。每件事都是原本專業以外的，所以要先廣泛涉略基礎知識，再模擬我家的生活模式（還會對太太做「使用者訪談」），再研究市面上的物品，然後購入市場上最符合需求的物件或材料。

（完成後，我覺得都可以做一份上百頁簡報了。）

上述這些一次性事務很花時間，但過去就過去了，不會講給他人聽。

例如，我能說不上班也很忙，是因為要打浴室矽利康嗎？對方還以為我改行接建案工程。或是說我這兩週很忙，然後列表上述十件事給對方嗎？

總之，不管做什麼，無論是工作還是家務，很多人都不知道對方的辛苦，而被詢問的人也不可能覺得自己很閒。

所以，奉勸大家不要問別人「只需做家事是不是很閒？」，因為聽起來就像是：「我想聽聽看，你只做家事有多閒！」

使出上班技能包，育兒不焦慮

曾經歷過的人都知道，請育嬰假是一個內外「焦」相攻的事，既要為公司的觀感煩惱，又焦慮於全天進入育嬰跟家務的世界，自己是否能克服重重壓力和挑戰。

如果你是上班族，別擔心，十幾年來社畜的血液在你身體奔流，不是一放假就能甩掉的。你反而應該利用當社畜學會的工具，那些你早已熟練的技能，勢如破竹地攻克育嬰跟家務。

如果你沒有這些技能也別擔心，這些古今中外企業不斷使用的管理工具，都很好運用才能一直流傳，這裡列出我育嬰假一直在使用的三個。

❶設定目標跟執行方式——針對整個育嬰假的長期規劃

你有沒有覺得連續假期愈長，完成的事愈不如預期？或是只做了很多雜事？明明心裡很多目標需要花長時間完成，上班日沒時間就算了，一放假又不知道先做哪個，也不知道如何開始。

這是因為很多人都不善於放「長」假。

從進入小學開始到長大就業，除非你後來走上類似創業的路，不然都一直有張課表／行程表，以及別人訂下的目標等待著。

到了育嬰假時，時間的運用如同自行創業一樣，全靠自己決定目標跟分配時間。不可能公司已經開了，還沒有營運計畫吧？

所以在放育嬰假之前，設定目標跟執行方式，是很重要的事情。

幸好在育嬰假前幾個月，我就開始計畫了。上班族能有一年假，就像中了時間樂透，一夕之間時間多到滿出來。但各種計畫一一白紙黑字寫出來才發現，請一年根本不夠呀！（但若育嬰假要再延長，算算時間需要馬上再懷一胎，我才沒那麼傻。）

發現一年時間竟然不夠後，讓我更警覺到不能「憑感覺」揮霍這一年。必須聚焦目標，並且制定有效率的執行方式才行。

制定計畫還有一個好處，我相信很多人請育嬰假前，光內心就千迴百轉，猶豫不決，對公司更難以啟齒。目標跟執行寫出來，等於視覺化你會從育嬰假得到的巨大收穫，更容易下定決心。

前面提到，我們家決定有一人請育嬰假的導火線是，弟弟的生長曲線向下逼近需看醫師的3％。男生長得矮超吃虧，我跟太太整個鬥志滿滿，將這個列為首要目標。

我的育嬰假除了在「成長發育」這個首要目標之外，還有另外三個重要項目：

三代親情相處：

小孩才三五歲，光疫情就扣掉一兩年沒有跟長輩好好見面，想到就揪心，比須好好補起來。而且趁大家身體健康，好好把握相處時間本就是無價的。

但「相處」這兩個字實在太抽象了，為了容易確保執行狀況，最好能有基本的事件跟次數。所以設定了必須達成大家族出國旅遊，以及返鄉的次數。

自我健康：

為了回去職場再工作二十年，還有未來不給子女負擔。我對受到工作摧殘多年的身體，預定展開各種整修及鍛鍊計畫。

寫作：

因為工作跟育兒，荒廢的興趣。

回到首要目標「成長發育」為例，展開目標與執行方式，如下表。

目標	執行方式
成長發育	睡眠增加： ❶ 等小孩睡到自然醒（通常是早上 08：30），才送他去學校。 ❷ 白天預先做完家事，才能在晚上 20：00~22：00 之間伺機哄小孩上床睡覺。（有上班時，我早上 06：30 出門，晚上 19：30 後到家，顯然需育嬰假才能做到。）
	營養強化： ❶ 自己煮，每月必須花滿一萬五菜錢。 ❷ 每餐小孩需吃掉半條魚，每道菜須至少吃一口。 ❸ 記錄小孩用餐喜好，在營養均衡的前提下，持續變化煮法，淘汰小孩不愛吃的調理方式。 ❹ 找尋可宅配的好食材（回去上班後會需要）。 ❺ 練習做菜縮短到半小時（回去上班後會需要）。

把目標跟執行方式列出來，就能預估每天要花多少時間，知道每天要做什麼，以及最後可以達成什麼目標。

只分成目標跟執行方式，雖然很基本，但就可達到主要效果，而且任何人都可以理解跟使用。還有更進一步的計畫與檢核工具，如OGSM、KPI、OKR，慣用的人當然可以直接使用。但沒用過的人要花一點功夫才能理解，視個人情況不須執著。

❷ WBS工作拆解（Work Breakdown Structure）——針對每件困擾你的工作

WBS的基礎之一，是把一個大任務拆成一組小任務，非常適合被低估的家務事，還有常常被育兒干擾的碎片時間。

請想像一下這個場景：後陽台是堆積如山的髒衣服，當你想一口氣處理完的時候，一直有人來打斷你。一下要換尿布、一下要喝奶、一下要調解孩子之間的糾紛。

兩個小時後，你忍不住大嘆：「我就只是要洗個衣服而已，怎麼一件小事都沒做好？」

除此之外，你可能會面臨兩項情緒挫折：

❶懊悔連一件事都做不完。

❷覺得磨人，一直被打斷要重新進入狀況。

如果用WBS拆解，幾乎都可以化解。

首先要了解，為了思考跟溝通方便，人腦有打包的概念。把一系列的動作，用一個詞表達。

例如你去洗衣服，講起來是一件事，其實可切分到五個動作以上。包含**❶先拿下已經晾乾的衣服；❷摺衣服；❸分類進衣櫃；❹放入髒衣服去洗；❺拿出洗好的衣服在陽台晾乾。**

配合被小孩打得更碎的時間，我還會拆更細，例如收衣服還會分成收誰的，所以再向下拆成收媽媽的、收姊姊的、我的、弟弟的四個動作。

把洗衣服這件大任務拆成很多小任務，就是WBS工作拆解的基礎。

心理狀態如下頁圖。雖然洗衣服這個任務還沒結束，但你不會覺得自己一件事都沒做完，而是清楚知道大任務完成度80%。而且每完成一個小任務，都會帶來成就感，降低內心焦慮。

當流程細分後，你就不會覺得一直被打斷，飽受精神折磨，而是不斷利用被小孩打碎支解的時間，快速完成很多小任務，超順心。雖然看起來工作量都沒少，但頭腦清晰，動作俐落有效率，心情更踏實。

女性大腦擅於多工，反觀男性鎖定一個目標之後，就會眼盲於各種明明可以順手完成的事情。所以男性來使用WBS，平均而言更能彌補天生的失能。

在我往返後陽台洗衣服跟客廳育兒之間，會經過廚房的水槽跟洗碗機。所

原本方式

- 洗衣服
- 被換尿布打斷
- 回去洗衣服
- 被泡牛奶打斷
- 又回去洗衣服
- 被小孩吵架打斷
- 再回去洗衣服

↓

感覺一直洗不完衣服

工作拆解後

- 收晾乾衣服（媽媽＆姊姊的）
- 空檔去換尿布
- 收晾乾衣服（我＆弟弟的）
- 折晾乾衣服
- 空檔去泡牛奶
- 分類進衣櫃
- 空檔去安撫小孩
- 放入下批髒衣服

↓

已順利完成 80%

因為拆很細，每個小任務只要超短時間，
所以很容易切換。

以，我也針對洗碗任務做了拆解：❶從洗碗機拿出乾淨碗；❷收納乾淨碗；❸沖髒碗廚餘入水槽；❹將髒碗放入洗碗機；❺按下清洗鍵，因此每次經過廚房時，我可能會順手完成洗碗的某幾個小任務。

這真是突破個人極限，覺得自己已被家務之神附身了。

❸另一個好用的方法是「To Do List」——針對每週或每日要完成的事。

在家工作不像在公司，會有人引導、規範或給你方向，更需要 To Do List。看著 To Do List 上列了很多項目，先不要有壓力，列出來並不等於要全部做完，而是知道總共有哪些待辦事項，必須先做哪些事。

例如一週列出了一百件事，算算只能做五十件，那也沒關係，就挑比較重要的五十件來做。一週結束之後，你知道自己已經做出最好的選擇了，畢竟人不是每天都有四十八小時的能耐。

很多人會將 To Do List 上的事項再做加工，例如將事情依按照「是否重要」跟「是否緊急」，分成四個象限。事實上，只要覺得適合的方法都可以用，但對育嬰假期間，我習慣把五至十分鐘可以做完的事情，多做一個記號。跟WBS的道理一樣，有孩子的父母，時間往往會被切得超碎，往往只有五至十分鐘畸零空檔。如果沒有一份清單讓你不需思索地馬上去做，就會浪費這個空檔。

像餵弟弟吃飯，他不愛吃的時候，一口就給我嚼五分鐘。五分鐘剛好夠我上網下單買尿布，代辦事項減一，也可以訂用APP叫兩罐鮮奶外送了。如果我還要想一下五分鐘可以做什麼，那五分鐘就不見了。

所以，有這份清單真的很重要。

備註：書中提到的管理工具，有的完整架構十分龐大，因此只擷取部份，方便讀者簡單快速地運用在家務上。

CHAP. 5

那些爸爸來做就很崩潰的家務事

走進女孩衣櫃的迷宮

關於家裡的分工，在請育嬰假之前，我負責洗衣跟曬衣，太太摺衣服跟分類收納。如果這是一條生產線，我就是執行步驟一跟二，太太則是三跟四。

自從我請育嬰假當全職主夫後，生產力提升不少，而這條流水線的瓶頸也自動轉移到下游；也就是太太負責的環節，她看到衣服一直不斷堆積，壓力倍增。

但人就是這樣過分，由於我自己速度很快，愈洗愈起勁，不管別人處境。相信你的公司裡面也有這種人，因為自己動作很快，看到積件很多都卡在別人那裡，頓時獲得快感。

我常常觀察太太，在她好不容易即將摺好最後一件衣服時，跑去陽台拿曬好的衣物，抱著一堆衣服說：「還沒摺完喔！」（默默扔下飄走），接著就聽見她發出憤怒的哀嚎聲。

下場就是，太太說：「摺跟收衣服，也給你做。」

於是換我上陣，負責這個陌生的工作。

很簡單呀！我先分類兒子的衣服，上衣、褲子跟襪子三類。頂多上衣跟褲子再依長、短、厚、薄分開。這才幾類衣物要收進衣櫃，也太容易了吧？

挾著自信，接著分類女兒的衣服，從襪子開始：第一件是襪子（這算一類），第二件是很長的襪子，我想是膝下襪吧（想想，那這算另一類）。第三件是更長的襪子，我想是膝上襪吧（想想，那這又算另一類）。

此時，衣服堆裡還有各式各樣的襪子。

我覺得開局不順，改成先收褲子。第一件是短褲（這算一類），第二件是長褲（這又算一類），第三件是褲襪（怒，這算襪子？還是褲子？還是一個新分類？）

我覺得開局不順，改成先收裙子。第一件是短裙（這算一類），第二件是長裙（這算另一類），第三件是褲裙（怒，這算褲子還是裙子？），第四件是一件褲襪連著裙子（怒，這算褲子、襪子、裙子，還是一個新分類？），第五件，是一件長褲連著裙子……

我覺得開局不順，改先收上衣。（上衣應該很單純吧？）

我看到衣服堆裡露出半件短袖上衣，一把抽出來，結果……是一件連身裙。

（我……我……把湧上喉頭的鮮血嚥下。）

此時看看地上，大約摺了十五件衣服，就已經有十二個分類吧，跟沒分類一樣，彷彿只是把女兒的衣服全部攤開展示。

（我放棄，翻桌啦！）

半年後，衣櫃的迷宮續集

當我發現自己的智力無法分類女孩的衣服後，坦然接受，坦蕩擺爛。

這也沒什麼可恥的，女孩的衣服形式，就像生物學分類一樣層出不窮，又不斷繁衍；就像很多人一輩子也無法透澈生物分類的「界門綱目科屬種」一樣。

此後，我就只從晾衣桿上收下女兒的衣服，再看心情決定是否要胡亂收納一番。

就這樣，過了一段時間，我發現太太持續提供一個無用的幫助，她會幫忙把女兒的衣服摺好，放在原地。

終於，我忍不住了，對她說：「幫忙摺沒用呀，我的智力可以摺女兒衣服，我的問題是無法分類呀！」

太太回道：「你（的智力）無法分類衣服，但你女兒（的智力）可以。」

太太告訴我，這半年來，衣服都是女兒自己分類跟收納，只需幫她摺好就可以了。

我非常訝異，我因為複雜而放棄的東西，五歲的孩子竟然可以輕易接手完成。

我不知道該做下列何種可能性解釋。

可能性一：爸爸帶的孩子會自立自強。

可能性二：女孩對衣服天生就有我無法理解的敏銳度。

可能性三：一切都很簡單，就是智力的問題。

我原以為收衣服的事就這樣決定了，我收家裡兩個男生的，兩個女生各自收自己的。但半年後，我發現自己連分類兒子的衣服都開始出現障礙。

本來男孩的衣服分類很簡單，分上衣、褲子跟襪子；然後上衣跟褲子，再各分厚薄及長短。以褲子來說，本來弟弟衣櫥裡分長褲、七分褲、短褲，共三格。但隨著孩子長大了幾公分，原本的長褲會變成七分褲，七分褲會變成短褲。我常常拿著跟半年前同一件褲子，卻無法確定到底應該放哪一格。

以上衣來說，我還不至於分不出長袖、短袖，但是厚薄就有點障礙。

明明同樣一批衣服，到冬天，收納櫃上衣的某一格就漸漸開始暴滿。因為即使手上拿著同一件衣服，在氣溫三十度的時候，我會心想：「這件太熱了吧？」於是放在厚衣服那格。但同件衣服，在氣溫十五度的時候，我則心想：「這件太涼了吧？」於是放在薄衣服那格。

我想到網路上很多媽媽會抱怨爸爸們，給小孩穿衣服時完全不看季節。其實很多男生不只看不出季節，就算查好了溫度，也掌握不了布料的厚薄度。

以前在北部大學的男生宿舍，常常看男生一件短T就企圖征服四季。至於對服裝的誤判，就讓身體素質來彌補，穿太少就靠脂肪，太熱就靠張開毛細孔，等要外出發現冷到走不出門口，才折回房間拿外套。

要解決這個問題，我從「就業輔助器具」中得到了靈感，這個概念原本是只針對個人的特定不便來設計專用工具，讓他能完成特定工作。

例如虎克船長沒有手掌，但假設他需要在船上繩索爬來爬去，所以給他裝上鉤子就可以解決。反之，給他美觀假手或裝鐵鎚，都無法讓他能夠做好海盜這份工作。

同樣的概念，如果對於厚度有障礙者，可以在衣櫥上掛一個厚度測量精密電子尺。

在衣櫥內的格子可以打上標籤，例如1mm長袖上衣、1－3mm長袖上衣，只要按照測量數據放置衣服就可以，讓厚度感知失能的人重獲新生。

設計工作輔具，我自己就有經驗，有次太太把收納小孩衣服的格子，分別貼上冷色系跟暖色系的分類標籤。我……嗯……剛好也一點有冷暖色認知的障礙，所以自己用全彩印了一張「色相環表」貼在衣櫥上，完美解決了問題。

結論：

當因智力低下遇到困難時，不要放棄。你可以尋求家人的幫助（五歲女兒就能罩我），也可以設計輔助器具來改善。

衣服是洗衣機洗的，為什麼手腕會痛？

韓國電影《82年生的金智英》中有個名場面，醫師問她：「衣服是洗衣機洗的，為什麼手腕會痛？」

我不禁回想起自己做家務的經驗，為何這位醫師會這麼問？一定是沒用過我家的洗衣機。

剛搬到這個家時，洗衣機是前屋主留下來的，我不知道這台洗衣機之前發生過什麼事故。總之，有一天晚上，我跟太太半夜在客廳看電視，忽然之間，陽台傳出聲響。

因為清楚這高樓層的格局，我們很確定，沒有「人」可以從那個方向發出聲音。更何況是大半夜，我們兩人都在客廳，孩子已睡的情況。

況且，如果只是一個聲響，可能會覺得剛好東西沒放好掉落。但持續發出不規律的碰碰聲，就像有人踉蹌的腳步，一步一步，那絕不可能是自然現象。

我頭皮發麻地走向後陽台，經過廚房時，印象中還抄起了菜刀，並指揮太太去保護小孩。

我透過落地窗，看向後陽台。真的，有東西在那邊踱步。

天殺的！！！！！我家的洗衣機竟然在走路！

這台洗衣機槽內有攪水板，原本是對稱的，但最近掉了一片，因此轉起來有點不穩。嚴重時可能機台左腳會抬起來，落地後餘力未消，又換右腳抬起來。

左右、左右、左右……

左右、左右、左右……

加上衣服轉動的重心忽前忽後，它就前前後後走起路來了。

我想起電影《侏儸紀公園》裡的一句話：「生命會找到自己的出路。」

雖然人類沒有給予洗衣機走路的機械構造，但它憑藉著創意，開創屬於滾筒洗衣機的走路方式。就像3.65億年前，第一隻爬上陸地呼吸的魚那樣開創新天地。

在發現洗衣機會走路後，我們家迎來兩個階段：

第一階段

太太叫我處理，但我輕視這個問題，用人類的優越感想著：「一台洗衣機又能走到哪裡去？它會開落地窗嗎？它跨得出門檻嗎？」

結論我是對的，它是走不遠。

但它走了一公尺，拉斷了水管，水蛇像在跳佛朗明哥一樣，在空中頑皮地扭動噴水。我急著想去抓住，水蛇又是那樣滑溜難捉摸，以至於常常人悠閒地在家中吃著火鍋唱著歌，突然一個震動聲，此時我就要手刀衝向陽台，雙手死命把洗衣機抓住。

「報告醫師，我的手腕可能就是這時開始痛的。」

第二階段

洗衣機的症頭開始加劇，常常因為嚴重不平衡，造成洗衣失敗。每次失敗都要從頭來過所有流程，所以常常一到假日，我們家的外出行程就取決於洗衣機。

有一次上午十點想出門玩，但在一次次等待重洗的過程中一抬頭，發現竟然就下午四點了。

中間我試了各種方式改善平衡，例如排列組合各種大小洗衣袋、放一條大毛巾改變配重、關門後祈禱三次。或者，我自己像土地公一樣，全程在洗衣機上打坐，都沒能壓制這個寄居在後陽台的妖怪。

別說手腕痛，我連屁股都痛了。

所以，會覺得衣服是洗衣機在洗，手怎麼會痛的醫師，一定是沒用過我家的洗衣機（說不定醫師也沒洗過自家衣服）。

（正經分隔線）

前面提過，人類會傾向把一連串的作業，打包成單一的詞，例如「洗衣服」。

有時真的有人會誤解，以為洗衣服是一個動作，一下子就能完成。殊不知簡單的一個詞彙，後面多的是你不知道的工作。

有人不知道，衣服不會自動送進洗衣籃。

有人不知道，衣服不會自動分類。

有人不知道，不同材質要分不同洗程。

有人不知道，洗到棉被、床單，要姚明來晾才夠高。

有人不知道，為了有效率洗好大量衣服，有人研究了洗衣機、洗衣精，甚至連從洗衣槽撈衣服的姿勢、暫放濕衣服的位置、掛衣架的方向都仔細思考過。

謹以此文，慰藉負責洗衣服的同胞們。

當過父母的人，或許都有獨臂生活的能力

你可能很難想像，少一隻手要如何生活。

但是，如果你當過父母，很可能已經練就一身獨臂生活的能力，成為獨臂生活的智慧王。

平常我會很早起床，趁四下無小人干擾，趕緊處理家務。但自從弟弟發現，爸爸一早常常不在床上，他也調整了自己的生理時鐘。

有時早上六點多我在廚房，遠遠就聽到臥房內的動靜。然後是他高舉雙手、淚眼婆娑，用埋怨的口氣登場說：「爸爸抱抱啦！」

動作之熟練，令我懷疑他下床到廚房，連眼睛都不用張開。我一蹲下，他下巴就瞬間貼合在我的左肩上，要我抱他起來，彷彿我肩上有個磁吸卡扣。

此時我只剩下右手可活動自如，但事情還是要做啊。雖然沒有三頭六臂，但有的是智慧（咳咳）。

日常必備獨臂技能：

獨臂收書包

最難步驟是單手打開拉鍊，沒有另一隻手扶住包包，很容易整個書包被手拉走，但拉鍊卻依然沒開。

成功的祕訣是拉拉鍊的手要果決，單手要像鞭子一樣甩，讓瞬間力量大於拉鍊的靜摩擦力，就可以一舉拉開，但包包又不會飛到其他地方。

獨臂收拾晾乾的衣服

先把乾淨的衣籃，用腳踢到衣服下方，單手打開晾衣夾，衣服就會順勢落入籃子內。

要是兩大兩小的衣服混在一起怎麼辦？

沒關係，我事先就把四個人的衣服分四區晾了，而我有四個衣籃對應。

獨臂洗髒衣服

還好我已經換成不會走路的洗衣機了，新的洗衣機不但很安分，關鍵是會自動投入洗衣精。

以前我覺得自動投洗衣精的功能實在沒必要，但想買的這台洗衣機就有，又不能切割不要，沒想到這個功能對於被嬰幼兒糾纏造成獨臂的人士非常實用。

比較辛苦的是，本來可以雙手拿起一筐衣服倒進洗衣機，變成要蹲下一件一件撿進去，而且是在一手男嬰的超難身體平衡下完成。

獨臂煮早餐

當然要看早餐煮什麼，如果開火，最好是煮可以不用鏟子的料理。（不然一手拿鏟，一手卻不扶鍋，會有點危險。）

例如冷凍蔥油餅，就是很好的選擇。熱油下餅後，單手快速地搖晃鍋柄，避免沾鍋。一面煎熟後，翻鍋讓蔥油餅飛到空中，另一面落下再煎。不用擔心，如果漏接就用夾子夾起來就好。（寫到這邊，我心想：為何不一開始就用夾子翻面？）

獨臂泡牛奶

最困難的是單手要裝上奶嘴，關鍵是先用中指跟手掌扣住奶瓶身，然後努力向上伸展手掌，再用大拇指跟食指旋上奶嘴。

前面都是在講手部動作，還不包括身體平衡。

配合以上流程的起立、蹲下或彎腰，都是在單邊負荷十多公斤的情況之下，用極佳的平衡，以及所剩無幾的核心肌群完成的。

經過這些訓練，如果有一天去教召，跑獨木橋摔下來，我應該會說：「等等，這不算！我抱兒子再跑一次比較習慣。」

當男人認真起來，能力不一定提升，但裝備一定會

在鐵人比賽場上，見識過一種特殊能力，較普遍存在於中年男子身上，而且特別適合用來處理家務。

本來男人愈到中年，運動愈少，更別說參加競技比賽。但你知道嗎？鐵人三項這個挑戰極限的比賽選手中，中年男性比例異常的高。就算你沒看過這個比賽，也應該不時會聽到，哪個中年男性又在談論公路車訓練，報名了哪場比賽。

在運動場上，年輕人能力往往比中年人好，唯獨一項能力，中年男性特別突出，那就是裝備研究跟購買裝備的能力。

承自於狩獵時代的習慣，男性對於某一類物品總有異常的熱情，那就是武器，好的武器會讓他們感覺更強大、更安全。

鐵人三項是一個裝備競賽，裝備就是武器。因為要游泳、跑步、騎公路車，一個運動的裝備等於是三個運動的裝備總和。這個購買三倍裝備的門檻，絆住了一部分只有熱血沒有熱錢的年輕男性，凸顯出中年男性的優勢。

具體來說，裝備力優勢如下：

長途耐力賽中，重量是至關重要。有人會努力鍛鍊減肥，甚至賽前通腸，就為了讓自己上場時少幾百克。

以中年人的裝備力，如果體重降不下來五百克，就研究所有可以輕量化的零件，再花十萬元更換，把7公斤的公路車變成6.5公斤。

游泳降低阻力的關鍵，是要身體在水中與地球平行(也就是很浮)，但下半身下沉是人在水中的慣性，所以有人會練習游泳一年半載，就為了調整自己的姿勢。

中年人不僅會花錢找教練來教，還會買水中攝影器材拍攝泳姿矯正，然後到了比賽前一個月發現，一切都沒有進展。於是花一萬元訂做合身的浮力防寒衣，就可以浮到與地球平行。

同理，跑步慢，不一定要訓練，可以買新的超輕量跑鞋；會抽筋，不一定要訓練，可以飛到日本買壓力褲；體力差，不一定要訓練，可以買最好吸收的能量膠；騎車慢，不一定要訓練，可以買最低風阻的安全帽。

同樣地，來到家務事的戰場，中年男人不會突然變得心細如絲、將家裡保持得一塵不染、做家事勤奮又耐勞，那怎麼辦呢？

此時，生活家電跟用具就是男人的武器，可展現出最強的裝備力，為整個家進行升級。

我本身有一項工作上的技能，就是專業的前端設備採購。所謂前端，不只是購買而已，還要在前期一片混亂中定義出使用者正確需求，再找尋一群正確的廠商，一起進行研發及測試。

在我的工作經驗中，通常成功的案子都是「不過於」追求完美。重點只在於使用者會不會拿出來用，在關鍵任務上，有沒有提升顯著成果或便利性。

因此我還是會鉅細靡遺地研究，以防有疏漏，但決策困難的時候必須聚焦重點。

在請育嬰假的一年裡，我有各種自動化裝備：掃拖機器人、擦窗機器人、洗碗機、洗地機、高階的水波爐、洗脫烘、廚餘機……

就以大家最常糾結需不需要的洗碗機，來舉例說明決策過程。

會不會拿出來用？

下面兩台洗碗機，你會選哪台？

一台歐洲精品，洗淨力120分／乾燥力80分／用料100分（平均100分）

一台普通廠牌，洗淨力75分／乾燥力95分／用料60分（平均77分）

市場銷售上，歐洲精品那台賣得比較好。但我家中兩台都安裝過，如果重新來過，我會選擇普通廠牌。關鍵就在於歐洲精品那台在台灣的潮濕氣候下，碗盤常常晾不乾；晾不乾就會延遲取出，沒有取出就會影響到下一餐待洗的碗盤。於是每次要用的時候，就會想「算了，下次吧！」

不管歐洲那台有多強多猛，若是不符合生活習慣，沒拿出來用，都是白費。反觀，普通廠牌那台因為都會乾，別說拿出來用了，我常常一天使用兩次，用到淋漓盡致。

關鍵任務上，有沒有提升成果或便利性？

❶讓碗盤變乾淨↓有提升便利性

雖然普通廠牌那台，洗淨力只有75分，但不是問題，因為手洗大約只有70分。所以不用費力，就能洗得比平常乾淨，當然是便利度大幅提升。

至於歐洲那台雖然洗淨力120分，但多數碗盤並不會那麼髒，會需要120分洗淨力通常是焦黑或長年汙垢。所以對於120分的洗淨力，我會讚嘆鼓掌，但沒有那麼需要。

❷讓煮菜變輕鬆→有提升成果及便利性

洗碗會讓煮菜的意願下降，所以光是有讓人願意使用的洗碗機，就足以增加煮菜的成果及便利。

在家吃飯除了要洗吃完的餐具，煮菜的過程中也會產生很多待洗的器具，例如切完肉的砧板、打完蛋的筷子、醃完肉的盤子、炒完菜的鍋子。通常人們不會煮到一半去洗碗，也不會吃到一半去洗碗，所以待洗的東西會累積到最後，疊到讓人絕望的高度。但有了洗碗機，不用洗，只要放。所以煮菜的過程中，已經使用完畢的器具，就會一件件陸續放進機器中。吃飯也是，吃到一半如果有空盤，就會順手放入洗碗機。所以煮完菜跟吃完飯時，餐桌跟廚房檯面上幾乎都快淨空了，是不是很療癒、很輕鬆？

什麼是過於完美的追求？

很多人對洗碗機抱持遲疑態度，大多是抱怨還要收廚餘！要加洗劑跟乾精！要水要電！要防積水的碗盤擺法！

簡單來說，很多人都會希望花了錢就要解決一切問題，最好是碗跟剩菜一起丟進去，然後出來就是乾乾淨淨的碗盤。

這個時候，與其糾結機器有什麼做不到，不如回到上一個問題，機器能做到什麼？它能達到的事情重不重要？

一般家電不會只用一年，至少都會運作三至五年。所以我告訴自己，利用育嬰假的這一年，好好研究跟升級家中的便利設備，等將來回到職場時，這些花費都會持續在忙碌的生活中，回饋給自己跟家人。

CHAP.
6

那些爸爸來做
就很荒謬的育兒二三事

以為是兒子使用說明書，結果是爸爸認識自我手冊

為了弟弟，我到書店翻起男孩教養的書，因為媽媽抱怨我對女兒的耐心，遠大於對兒子，要我提升對男孩的了解。但是我讀來讀去，發現對育兒一點都沒有啟發，倒是每行字都箭箭插在爸爸自己身上呀！

例如，書裡面這幾段話：「男性有視而不見的習慣。」「男性會在一瞬間鎖定遠方的目標。」「去廁所時，男性眼中只看得見廁所。去洗澡時，眼中只看得見浴缸……」「男性絲毫不會注意到，要把眼前的髒茶杯順手拿到廚房，要把脫下的襯衫順手拿到更衣室。」

「這種專注目標的優秀大腦機制，是一種狩獵才能。」

看完上面這些字，我才發現，原來我有著超級優秀的大腦機制呀。若是遠古石器時代，我應該就是部落裡最好的獵人。

就拿接送小孩上學這件事來說好了，我不只一次到了學校發現沒有帶書包；把弟弟抱給老師時，才發現他光著腳丫；太太下班進家門時，拿著小孩的推車，說剛剛在門口撿到。以前我會覺得不好意思，但現在，看完書後，我一點都不羞愧了。

因為我的任務，就是接送小孩到學校，其他東西是否遺漏都是次要，小孩有抵達目的地才是關鍵。而我沒有一次忘記帶小孩出門，也沒有一次漏帶哪個孩子回家，成功率100％。

我，就是個優秀的獵人。

一個獵人如果鎖定遠方的野豬，還在分心想著其他事情，一定獵不到野豬。此時獵人只會想到攸關任務成敗的細節，例如風向、武器、路線等等。不會分心去注意，獵到野豬怎麼調味、剛路過一棵芭樂樹回來可以摘、家裡的營火有沒有熄……

若早上任務是準時上學，遇到小孩穿衣服不配合時，換成媽媽可能就會細心挑選，詢問孩子不想穿這件或那件的原因，討論以後要買什麼服裝，也可能就因此晚點到學校。

而我，不會。

有一次弟弟不配合穿衣服，我說：「反正時間一到，我就會抱起你奔向車子，開車直奔學校。哪怕你還穿著睡衣、只有尿布或褲子穿到一半，時間一到你都會出現在學校。」

（我還是有盡力哄他換衣服，只是時間一到，無論有沒有穿好衣服都會進入下一階段——運送。）

可想而知，上次弟弟之所以光腳出現在學校，也是因為他穿鞋子蘑蘑菇菇造成的啦！

女兒的爸爸，理所當然就會的技能

有些事，前半輩子都沒做過，但到了三十幾歲時卻能駕輕就熟，而且還做得十分細膩，尤其是照顧女兒。

國中之前，因為當時流行郭富城或林志穎的髮型，我還用過吹風機作造型（但也只是毫無技巧的用熱風狂吹）。上了國中後我都留短髮，就連吹風機都沒再使用過了，它對我來說，基本上跟會熱的電風扇是差不多的。

但是女兒洗完頭，一推到我面前，一切步驟都精細了起來。

❶我先用熱風稍微吹吹髮尾最濕的地方；只是稍微減少水分，時間不能太久，

以免燙傷頭髮。

❷接著用溫風從髮根一層一層的抓起吹乾，頭皮才會乾，對髮絲才溫和。

❸溫風吹到95%乾，切到冷風吹到最後，讓毛鱗片關閉，頭髮才會柔順有光澤。

（以上流程長達107個字）

先不管流程是否最正確，我已經很驚訝了，竟然有這些手法在腦海中，卻從來沒在自己身上用過。太太也很訝異，第一次發現她老公知道毛鱗片是什麼。

換兒子洗完頭，推到我面前，情況又不一樣了。

熱風全開，頭髮我用單手隨便搓一搓，好，乾了。

（全部流程僅22個字）

再換成太太推到我面前吹頭髮。

我說：「什麼！！！今天妳也要我吹？」「妳頭髮好多喔，下次考慮剪短嗎？」

「吹太久了吧，我可以開全熱風嗎？」

（零流程，吹個頭髮，還問題一堆。）

失策了，就不該在唐吉軻德一打二

在日本旅行，媽媽要辦點事，特地把我們父女子三人帶到唐吉軻德，說：「等我的時候，就在這棟逛。」很好，感覺是個輕鬆的行程安排。

但我一出電梯，就發現卡在走道了，嬰兒推車＋我本人＋超大爸爸包，連成一線，側面看長度就有一百八十公分。

而日本的唐吉軻德，一向不以走道友善聞名。反而常常特意租下奇怪形狀的店面以降低租金，用密集高貨架跟雜亂的落地陳列，創造出迷宮挖寶的感覺，而福岡天神區的這間店又以更亂出名。另外，裡面擠滿來自各國的觀光客，不像外面的世界那麼溫和。

我人被卡住的瞬間，心想：「絕不能讓弟弟離開推車。」但低頭，他已經正在翻出車外，我伸手抓了個空，眼睜睜地看著他快樂地溜走。

搜捕行動開始，第一局 Start！

我回頭跟姊姊說：「快跟緊我，我們去抓弟弟。」

姊姊一臉精神奕奕回答：「沒問題！」（就差沒敬禮喊「Yes, Sir!」）

追捕中，我估計姊姊集中力有限，轉幾個彎就會跟丟，所以設定自己每隔五至十秒回頭一次。

然後，我第一次回頭，「咦，姊姊不見了？？？」

哇勒！！！姊姊也太弱了吧，大概第三秒就跟丟了。

現在兩個小孩都不在我的視線中，是要先找哪個？

然後空氣中傳來姊姊氣噗噗埋怨我的聲音：「爸拔，救我呀，你要來找我呀！」

聽聲辨位，大概是隔壁貨架，既然知道位置，先救姊姊好了。哀～～～

第二局 Start！

救姊姊的過程中，我的餘光還是緊張地搜尋著弟弟的身影。

我發現弟弟從貨架遠端穿過時，竟然回頭打量我，然後露出一抹微笑地溜走了。

這小子是故意的！！！

他利用嬌小的身軀，在狹小雜亂的貨物中穿梭，一邊打量四周，一邊閃避我。我揹著大包包跟推車，轉個身還要一直跟旁邊的人表示歉意借過，怎麼跟得上他。

美國裝備厚重的大兵，也是因此在越南叢林中，被輕裝嬌小的越南士兵耍得團團轉。

我把推車折起來往角落一丟，不管會不會被拿走，先找兒子比較重要。

我轉頭跟姊姊說：「我會走更快，妳這次要跟緊。」（我相信妳剛剛只是大意，我對妳有信心。）

姊姊又一臉精神奕奕地回答：「沒問題！」

我喊：「出發！」

姊姊同聲大喊：「出發！」

然後，等我一轉頭，姊姊又不見了！？

空氣中傳來姊姊氣噗噗埋怨我的聲音：「爸拔，救我呀，你要來找我呀！」

哀～～

接下來第三局到第五局，就像恐怖片一樣。

貨架的遠端一直有個紅色身影快速閃過，伴隨著忽遠忽近、「呵呵呵」的小孩笑聲。但每次我跟了過去，卻看不見人影。正在納悶的時候，那個紅色身影又會從意想不到的地方瞬間飄過。

當然，第三局到第五局，都在姊姊又走散、埋怨爸爸的情況下結束。

第六局，這是成功攔截的最後一局

隨著跟弟弟分開的時間變長，讓我愈來愈緊張，於是我有了一個大膽的想法。

我剛運用姊姊能力的方式錯了，我叫她被動的跟著我，但小孩的精神不容易集中，很容易跟丟。應該讓她自由發揮，給她主導權跟明確目標才是。

於是，我跟姊姊說：「我要給妳一個重要的任務，妳去把弟弟抓回來。」

姊姊目光瞬間變得銳利，用一百倍精神奕奕的笑臉回答：「沒問題」，像小獵犬一樣噴了出去。

果然，姊姊很快猶如心電感應般找到了弟弟，血脈壓制果然神奇。弟弟驚訝地發出了聲音，被爸爸聽出位置，前後包抄抓起來。

有人可能會覺得，好不容易找到姊姊，怎麼能讓她自己走？

平常我和孩子外出的大原則，是不要讓他們離開視線，連超過我一把能抓住的距離都不太可以，所以這次我是真的有緊張到。但我發現在這個狹小複雜的空間中，永遠無法帶著大寶抓到二寶，只會愈拖愈久。最好的時機就是大寶跟二寶在一起，趁逃跑範圍還沒擴大之前，兩個一次找到。

必須大破大立了。

反正姊姊每次都跟丟，還要把她找回來（哀～～～），不如把她派出去絆住弟弟的機動性，再一起找回來。

備註：

❶如內文有寫，現場其實心情是緊張又很抱歉的，只是敘述方式輕鬆。

❷關鍵時刻，內心戲總是落落長，實際上很快就控制住了，把對旁人影響減到最小。（畢竟由於姊姊的拖累，每局都結束得很快……）

逃走中
已捕獲

至今，女兒仍禁止我再講任何有關公主的童話

每個女兒都有王子、公主夢，但通常爸爸都不自覺地對王子懷有敵意，什麼趁女兒睡著親她，什麼撿走鞋子全城肉搜，這些都是犯罪。

但捱不過女兒請求，那一天，我了講長髮公主的故事。

我從「從前從前有一位公主」開始說起，鋪陳完故事背景跟人物設定，並講述國王是怎麼把全國的紡錘藏起來，但紡錘仍刺到公主的手指時，我才發現……

不對！！！長髮公主裡怎麼會有紡錘？

（糟了！我前面鋪陳的都是睡美人的設定。）

不管了，紡錘已經刺到了，也不能拔出來，我就先讓紡錘插著長髮公主好了。

儘管內心一震，但我仍不動聲色地繼續講下去。反正，童話故事常常沒什麼邏輯，我應該有機會掰回來吧。

「紡錘刺到以後，公主啊的一聲昏倒，睡了九十九年。神奇的是公主沒有變老，但頭髮一直長，就變成了長髮公主……」我繼續說，這時姊姊突然插嘴：「然後就會有王子來救她。」

因為這段插曲，我想要補充一些背景知識，就對姊姊說：「妳想知道為什麼有那麼多王子嗎？」

沒等姊姊說要不要，我就繼續講下去了（有考據的）：

「白雪公主有王子、長髮公主跟睡美人也都有王子，是因為每個國家只能有一個王子變成國王，所以每個國家都剩餘大量沒有繼承權的王子。

「沒有繼承權的王子，只能到其他地方找事情做，我們就稱他們為流浪王子。

「但是，王子能找什麼事情做呢？王子的優勢就是身家好，專長是武力強（類似騎士），所以就會到處找尋獨生女的公主，救了公主，就能入贅結婚，王子就有王國可以繼承。」

說到這裡，我問姊姊是不是很好奇，為什麼養尊處優的王子武力高強，而不是民間從事勞力的農夫及獵人呢？

沒等姊姊回答，我又繼續講了（有考據的）：

「俗話說，窮要文，富要武。因為運動是需要錢的，要力氣大，就要在運動後補充蛋白質修補肌肉，只有富人才能餐餐大口肉，才有空強身健體。

「另外，馬匹、盔甲、武器都是貴重物品，沒有錢也裝備不起。所以相較於貧民百姓，王子相對容易是武力強的角色。」

我看姊姊的眼神有點放空了，趕快拉回故事本身。

「公主因為頭髮變很長，我們就叫她長髮公主。」

欸……我剛是不是少說她睡在高塔上？（我問姊姊）。

「好吧，反正她其實是睡在高塔上（我突兀地補充），然後頭髮就一直長，垂到了地上。」

這時姊姊插嘴：「然後就會有王子來救她。」

「不是王子。」我說。

「因為頭髮很長很長，就長到了海邊，又飄過了海邊，然後就飄去了日本。日本人都很喜歡海菜，有位日本武士看到那麼多海菜（其實是頭髮），他就下海想去拉起海菜，這個人叫做德川。

「結果他拉著拉著竟然就拉過了海洋，拉著拉著到了岸上，又拉到高塔下，最後他又拉著頭髮上了高塔……

「那妳知道這時長髮公主在幹麼嗎？」我問姊姊。

姊姊回答：「公主睡著了，要王子親她才會醒來。」

「不是。」我說：「武士爬到塔上時，看見公主竟然早就醒了。公主生氣地對武士說：『有人一直拉我頭髮，痛到醒來。』」

（故事結束）

那天，姊姊氣呼呼地從床上爬起來，跑出房間時一邊抱怨：「爸拔都亂七八糟，我再不要選你當講故事的人了。」

一年多過去了，至今女兒仍禁止我再講任何有關公主的童話故事。

香蕉也要去識別化

家裡有兩個孩子，什麼都要去識別化，水果也是。

接孩子放學時，車上放了兩根香蕉，對我來說是一模一樣的香蕉，上車後要發給後座的姊弟。

我從駕駛座轉身，「打算」遞第一根香蕉給弟弟。

此時，姊姊突然喊了一聲：「這根香蕉給我，我早就看中它。」因為兩根香蕉交疊，這根放在上方，所以分辨得出來。

本來香蕉對我來說都一樣，何況我又還沒給弟弟，既然姊姊出聲了，就給她沒關係。

完了，我犯下再也無法回溯的錯誤。

一秒前，弟弟已經看見爸爸跟自己對上眼，並拿起第一根香蕉，這隻香蕉就被弟弟 tag 了。

這是 The 香蕉、The One、弟弟的此生摯愛。

而不確定何時開始，因為香蕉交疊一上一下的區別，上面這根香蕉也被姊姊 tag 了。

這是 The 香蕉、The One、姊姊的此生摯愛。

一蕉不能二 tag，給姊姊，弟弟暴怒；給弟弟，姊姊尖叫。

我虛弱地晃著第二根香蕉說：「這明明是一樣的香蕉呀，都可以吧？」

姊大喊：「我要我原來的香蕉。」

弟大喊：「我不要，爸拔壞。」

雖然我沒學過兒童心理，但在經濟學中，類似「稟賦效應」。

芝加哥大學教授 Richard H. Thaler 在一九八〇年提出這個理論：

「當感覺某一個東西是自己的，就會覺得更有價值，還會放大失去的感受。」

所以，若想要不讓汽車後座的「稟賦效應」發生，關鍵就是，不能讓姊弟對特定香蕉產生感情。從源頭截斷，一開始就不要讓他們對香蕉進行識別。分不出來差別，自然不會產生感情，不會覺得「這個是我的」。

去識別化的方式

香蕉一上一下會被 tag，一大一小會被 tag，先拿後拿會被 tag。

我洞悉了一切後，找到對應方式了。

下次接小孩時，我把香蕉放在紙袋裡，避免姊弟一上車就 tag 了特定香蕉。

接著，再趁他們不注意，用迅雷不及掩耳的速度，把香蕉塞到他們眼前。

這個過程必須行雲流水，並且有如機器人般動作一致，讓他們無法用任何差異將香蕉 tag。

對待孩子，不只香蕉要去識別，切記，只要大人覺得「這些都一樣，你們一人一個」的時候，那就是警報可能響起的時候了。

沾五粒芝麻的紅豆麵包，跟沾三粒的就是不一樣。

美粒果倒進藍色杯子，跟倒進紅色杯子就是不一樣。

吸管插在正中央的養樂多，跟插邊邊的就是不一樣。

切記，切記，這些對孩子都是不一樣，大人千萬別用自己的眼光去看一百二十公分以下的世界。

女兒說「路上有個叔叔給我棒棒糖」

「路上有個叔叔給我棒棒糖。」

去幼兒園接女兒下課，她興奮地講了這句話。我長期待機狀態的大腦，瞬間CPU運轉到99%高。

這句話，不就是幼兒危險案例中的標準台詞嗎？？（下毒棒棒糖！）

我回想今天上午是校外教學，老師帶小孩們去附近的寺廟參觀，我猜想就是這個時候拿到了棒棒糖。

「我覺得叔叔是好人。」

「我就是知道他不是壞人。」

「棒棒糖沒有毒。」

對著想拿走棒棒糖的我，女兒緊張地不斷出言捍衛。（我則想先扣下棒棒糖，才有時間去請教老師來源。）

向女兒做了一番詢問後，猜測棒棒糖是來自廟方的工作人員，心中警戒下降不少。況且，若真的扣下棒棒糖，跟女兒之間一定會掀起一場浴血戰。

但想想，風險再小，事實依然是待確定中。何必為了一根棒棒糖賭？雖然可能是廟方人員贈送，但女兒講得不清不楚，我能確定嗎？我還沒機會問老師耶！而且寺廟人雜，搞不好是其他陌生參拜者或不記名志工，我怎麼能放心。

快刀斬亂麻，我一次掏出最大籌碼，說：「我拿冰箱裡，妳想要很久的高級水果冰淇淋，跟妳換棒棒糖。」

「我～～不～～要」，女兒大吼。

那家冰淇淋超好吃，而且女兒跟我討很久了。所以我怎麼會料想得到，一杯特地留在關鍵時刻使用的高級冰淇淋，此時竟然會換不到一根十元的普通棒棒糖。

原來是因為課堂上不能吃東西，女兒上午拿到棒棒糖後，為了遵守校規，強忍了五、六個小時，抵抗自己的食欲。整個下午支撐她意志力的唯一依靠，就是原本以為一下課就能滿足的渴望。

所以這根棒棒糖的心理分量，已經不是世俗的價值可以衡量了。

於是父女倆在車裡一路上互嘴，狂噴對方，直到車子駛進車庫。

進家門時，女兒還沒氣消，說：「爸拔，你出去！我不想看到你！」

我一股氣湧上來，心想，「憑什麼是我出去？」

女兒開口了：「你出去！」

「誰買的房子，誰就出去！」

我，蛤？？？？？？

「誰買的房子，誰就出去。」

「誰買的房子，誰就出去。」

「誰買的房子，誰就出去。」

這句話在我腦海中餘音繞梁，一時講不出其他話來。

女兒，政府選妳當內政部長，打房一定有望。

爸爸超棒的，小孩一直有呼吸耶！

當了爸爸之後，我有個深切體悟，女生天生就比較能兼顧多項任務，男生則常常被譏笑只能讓孩子保持呼吸，這多少有點依據。我無法反駁男女大腦運作差異的說法，但我覺得大家都太小看呼吸的難度了。

前陣子我們一家去泰國旅行，在芭達雅（Pattaya）搭乘雙體船，那是一種H型的遊艇，在H型的船體之間拉著大大的網子，讓大人做日光浴，讓小孩奔跑跳躍，各國的孩子都超愛那張網的。

此時太太兼顧多項任務的技能，讓我佩服不已。從上船以後，幫小孩擦防曬油、戴墨鏡、換泳裝，下水要泳圈吹氣、泳裝濕了又擦乾換衣服，換好乾爽衣服後又幫小孩補礦泉水、補水果、補麵包。

而我從旁人眼中看來，就是像根木頭般，一直站在網子的角落。

雖然看起來像廢物一樣，但只有我自己知道，我站的這個位置是經過精心計算的。這是整張網子最靠近大海的角落，如果小孩一時玩嗨腦充血，向大海衝去，不管是衝船頭還是衝船側，我都可以在兩大步之內攔下來。

太太也很了解我，她知道我不是平白無故站在那邊什麼都不做，走過來問：「你是不是在防止他們掉下海？」

我感謝她至少了解我在做什麼，但對於眼前這個男人的深度，她還是了解的太少。

我說：「不只，我還考慮很多。」

防止落海只是第一步，我的思緒已經計算到落海以後好幾步了。我開始侃侃而談（廢話連篇）：

❶如果落海的話，因為船在航行，所以我一定要立刻跳下海抱住孩子，才不會失去小孩位置。

❷依照目前的航行速度，下海後三秒，我們大概會被船尾的螺旋槳經過。我沒學過流體力學之類的，不確定可以游走，還是會被吸過去。

❸如果會被螺旋槳打到，關鍵就是打到哪裡，我最有機會救孩子（如果沒有被一擊必殺的話）。

我想好用左手抱孩子，用「右後上背」承受螺旋槳一擊。

這個姿勢最有機會包住小孩不被打到，而且螺旋槳通過後，這個傷勢還有一點點可能把孩子舉在水面幾秒，讓別人救得到他。

因為打到腳我不能立泳，打到腰我半身不遂（等於不能立泳），打到手我不能舉孩子，打到頭我全身不能動。

（以上都是我在有限知識下的模擬，請別當成正確落海的SOP。）

太太一臉詫異地看著我，我想她一定不該如何反應。

究竟是該慶幸，這男人看起來什麼都沒做，但其實為孩子想了很多；還是該翻白眼，因為這男人為孩子想了一堆事，但現實中什麼都沒做。

此生至今，都怕老師打電話給媽媽

記得小時候，最怕老師打電話給媽媽。現在當了爸爸，還是很怕老師打電話給孩子的媽媽。

每次老師打給太太……

媽媽您好，聯絡簿寫了要帶紗布巾，（先生）都沒有放喔。

媽媽您好，小孩要吃藥，但（先生）沒有上線填用藥單。

媽媽您好，將舉行英文檢定考，但（先生）沒有放報名表。

媽媽您好，已經換季了，（先生）放在學校的備用衣還是長袖。

上述括弧中的「先生」，代表老師沒有直接指出我，只是通話的雙方都知道是指我，然後我就會很快收到太太的來電：「你……是不是忘了什麼事？」

但我每次都想不到是什麼事。

很正常，要是我想得到，就會去做了呀。

有一天，我的手機出現一個似曾相似的號碼，現在詐騙超多，我猶豫了一下。然後，我忽然一個求生直覺「不行！！！必須接！！！」，但已經來不及了。

此時來電鈴聲已斷，我火速回撥，完蛋了！對方已經是通話中。

我再火速撥給太太，也是通話中。

我剛剛可能錯失了攔截老師的機會。

果然，不久，太太打給我，問：「女兒結膜炎你知道嗎？」

我回答：「我當然知道。第一，出門前我有幫她點藥水；第二，我還有把眼藥水放進女兒的書包；第三，我還線上填了用藥單給學校。」

我自信地一句一句連發。（果然，有做事就心安理得。）

太太接著才緩緩地說：「學校打來問，為什麼女兒結膜炎，但弟弟的用藥單寫點眼藥水？」

爸爸標準的「一切都好」

在育嬰假中途，弟弟升上幼幼班了。第一週是關鍵時期，每天老師會打電話跟爸爸聯繫，討論小孩的適應狀況。

晚上，太太問我：「老師有說弟弟今天怎麼樣嗎？」太太上班不方便接電話，想必她已經心心念念一整天，等到晚上爸爸的如實傳達。

我：「有呀，一切都好。」

（然後一陣靜默）

太太無法置信，這重要的第一週，重要的育兒談話已經句點了。

小孩剛升上幼幼班，有全新且力氣更大的同學、全新且更稀釋的師生比、全新且更難的課程、全新且更要求獨立的環境，弟弟一定有非常多不適應，需要老師家長互相配合安撫。

但眼前這個男人，只轉達了一句「一切都好」。

太太又開口：「……老師打給你，沒有多說什麼嗎？」

我：「老師說滿多的呀！但聽起來一切都好，因為一切都好，所以我都沒有記下來。」

幾天後，知恥近乎勇的我向太太發問：「不然妳是怎麼聽老師的電話？聽完，不就聽完嗎？我們有什麼事可以做？」

以下用實例來說明。

老師來電：

「早上弟弟到學校，大哭想爸爸，帶他玩後情緒漸漸緩和。」

「中午吃飯會分心，但看到同學都有吃飯，會開始主動要吃。」

「下午有教小朋友數猴子，弟弟大聲參與。」

如果是太太接電話，她的反應如下：

「請問早上父母可以做什麼事，來降低弟弟想爸爸的焦慮？其他孩子到新環境也這樣嗎？平均的適應期是多久？」

「吃飯會分心，請問老師建議怎麼引導？我們在家會用跟學校一致的方式，兩邊互相配合。」

「我們回家也會問他猴子的數量，強化弟弟今天大腦的刺激。」

以上是媽媽聽完這通電話的處置。

但同樣情節，爸爸我本人，此時心裡想的是……

「哭想爸爸，後來緩和了。」所以一切都好（弟弟就是愛我，真可愛☺）。

「吃飯分心，後來有吃了。」所以一切都好。

「數猴子，大聲參與。」所以一切都好。

所以我聽完會說：「謝謝老師，很感謝您。」（以上，結束通話。）

育兒如極限運動，步驟很重要

育兒有時如極限運動，身體用力或延展常常到極限，等於沒有任何容錯空間。所以步驟順序很重要，一錯就進退兩難，無人來救。

放學後開入車庫，打開車門，發現姊弟早已自行脫鞋光腳，我便知不妙，難道我要抱兩隻了。

姊姊生病，在汽車座椅上已仰頭睡去，抱她上樓是應該的。而停車場往來車多，弟弟本來就習慣被抱著上下，避免意外。何況今天他又脫鞋明志，抱他似乎更無可避免。

看來一手抱一隻躲不掉了，合計31.2公斤。

抱孩子之前，先掏掏口袋，把汽車鑰匙跟電梯感應磁扣握到右手上。

（這個步驟是超級關鍵，後面就知道。）

由於長期抱這兩位愈來愈重的物體，讓我也愈來愈了解自己的身體（在什麼時候會壞掉）。

必須先抱起弟弟，再抱姊姊，順序是有差別的。

若是先抱了姊姊，我的核心肌群就85％負載，再彎腰把弟弟撈出車子外，中途就會腰折。反過來，抱著比較輕的弟弟，才有可能慢慢彎腰喬姊姊的位置，再趁閃到腰前，一鼓作氣抱出來。

還有，我是右撇子，左手肌肉可以較持久，但右手較有力量。

這是有根據的，肌肉分為紅肌跟白肌，紅肌的肌紅蛋白較多，又稱慢縮肌，能夠長時間收縮，可以低強度高耐力運作，例如較長時間抱兩歲的小孩。白肌則相反，又稱為快縮肌，可以高強度但較短時間運作，像是較短時間抱五歲重的小孩。

所以弟弟先抱在左手，關車門。開另一邊車門，再彎腰，右手再抱出更重的姊姊。

此時，左手中嬰，右手老嬰，一邊車門還沒關怎麼辦？

（隔壁的車停很近，不能用屁股頂。）

我抬起左腳，鞋底內側輕輕靠著車門邊緣。一個小躍起，像是跳八家將的一個單腳回勾，車門「喀」一聲關上。

下一步，也就是前面說的超級關鍵步驟，還記得嗎？

這時感覺太棒了，因為車鑰匙跟電梯磁扣早已握在右手上。

（如果左右手各抱一隻大嬰兒，才發現鑰匙在口袋，還不自盡？我之前好幾次都死在這一步。）

接下來要上樓回家了，就靠尚能活動的右手掌，手掌可彎曲九十度、觸及二十公分遠，還可以按按鍵，用途足夠了。

就像揮舞暴龍小手一樣，一路鎖車門、按電梯、嗶磁扣、按密碼，順利抵達家中。

Perfect！

沒有胸部跟臍帶，我只有背巾了！

在親近孩子方面，媽媽有些生理天賦，身為男性的我怎樣也難以企及，像是親餵跟懷孕。

我無法感受到親餵的水乳交融，媽媽就像小孩的充電座一樣，彼此依存。

我曾經跟弟弟說：「爸拔也有ㄋㄟㄋㄟ喔，能當奶嘴。」沒想到當時還不會說話的弟弟，就知道要露出一臉厭惡的表情，並且一掌揮過來。

明明有國外研究指出，男人用乳頭當嬰兒的安撫奶嘴，可能是史前社會的常態，但我卻被打槍了。

再來是懷孕，那種無可比擬的親密，曾經是成為一體的感受，我雖然永遠無法達到，但還至少能用背巾來感受一起行動的甜蜜負擔。

大約弟弟兩歲多的某日，我突然明白，這可能是身為爸爸的我最後一次用背巾背他。

弟弟長大了，已經很久沒上背巾，而且媽媽一直說家中空間有限，沒使用的物品就不保留。但我很捨不得，因為背巾是我跟兒子之間親密的連結。

有天晚上，我抓準時機，提議全家出門吃晚餐，強行把昏睡中的弟弟架上背巾。弟弟閉著眼，先發出類似「搞什麼鬼呀」的哀號聲，然後瞇著眼，回頭看發現是背巾！好久不見的背巾。

弟弟臉上閃過一抹看到老朋友的安心，「呵呵」笑了兩聲，再度睡去。

媽媽不會懂，爸爸不可能跟兒子肚臍相連，也沒有辦法親餵，父子之間最接近生物連結的時刻，就是上背巾了。

睽違超過九個月的背巾再次鞍上，那股懷念的肉體親密感，又溫暖地圍了上來。即便已是九十公分的巨嬰，攤軟在我胸前也是柔軟的小貝比。我倆之間一直發出愛的泡泡，不停在媽媽面前晃來晃去。一切盡在不言中，我的臉上寫著——情勒中（不准丟）。

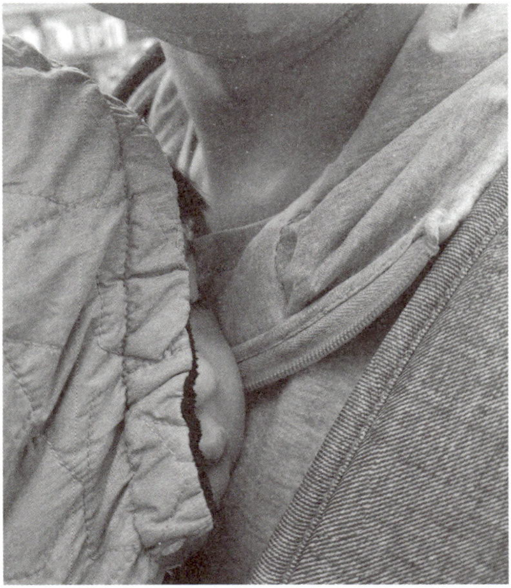

孩子長大了，可能是最後一次上背巾。

後記：一年過去後，現在如何？

有上班時，覺得一年假多到不可思議，因為是用「放假」的角度來看待時間。但當自己的留職停薪生效，變成有一年的期限要進行各種衝刺，一下子就被各種探索及野心填滿，不知不覺已滿一年，該結案了。

年度達成目標及ＫＰＩ

下筆之際，突然有種熟悉的噁心感湧上心頭。就如同每年絞盡腦汁遞交的公司年度報告，一種每年必須自誇一次的尷尬揮之不去。但一個人在外，一不小心就會浪漫到無法無天，比在組織內更容易發散而一事無成，更有強迫定期檢視的必要呀。

要順利產出一個年度報告，我分成不可告人的三個部分。

❶基本盤（充場面用）：

先把一些好手好腳都能達到的數字，拿出來充充場面。

❷目標達成（隱惡揚善）：

真正在年初設定，年度又達到的目標，一定要大書特書。至於沒達成的目標，簡單幾句夾在裡面帶過。

❸意外收穫（先射箭再畫靶）：

把一些意外收穫，彷彿寫成積極規劃之下突破的創舉。

第一個部分（基本盤）

- 領到六個月育嬰假補助。

- 弟弟從二歲順利長到三歲。
- 姊姊從四歲順利長到五歲。
- 姊弟都有長高，達成育嬰假重大發育目標。

這就是充場面的精隨，三、五歲的小孩，光放在窗邊行光合作用都會長高了。但當爸媽的滿足感就是這麼樸實無華，只要家人一切平安順利，小孩正常健康，就覺得是一個超大的成就。

第二個部分（目標達成）

❶成長發育

姊姊長高十公分，而且是愈來愈快，有五公分是在後面三個月長的。弟弟的成長曲線（%），也遠遠脫離末段個位數的警戒區，達到中段。

原本兩個孩子個子都偏小，醫師的三個建議是睡眠、運動跟營養，其中睡眠跟營養，家庭一定占50%—100%，因為晚餐跟晚上睡覺一定在家中。這兩件事情，完全是靠育嬰假釋放出來的時間，大幅提升了品質。

其實將「成長發育」作為目標，含有一定比例的不可控，真正能掌握在手裡的是「營養跟睡眠」。因為即使什麼都做到一百分，會不會馬上長大很難講。但至少吃進多少營養跟睡了幾小時，是可以具體努力的。

● **增加營養（靠自己煮）**

自己開伙，雖然小孩仍有吃多吃少不一定的情況，但至少可以嚴格要求煮的那個人（就是我自己）。每餐該有的營養都必須煮上桌，記錄小孩愛吃的菜，跟不喜好的調理方式，然後不斷變換（在菜色上汰弱留強）。

● **充足睡眠**

不受大人上班作息影響後，每天平均增加二至三個小時睡眠時間。（想到這裡，沒有精準數字就很悔恨，應該讓他們帶上記錄深淺睡眠的手錶。）

❷三代親情相處

● 一次原生家族三代十人出國（草津－輕井澤）

- 首次娘家家族三代九人出國（福岡—別府）
- 三次小家庭出國（曼谷—華欣、韓國釜山、泰國芭達雅）
- 大約五十二次返鄉陪伴爸媽

人家說旅行有的兩個技巧高超的境界，一個是帶長輩旅行，一個是帶小孩旅行，我可是一次兩種一起上呀。

❸自我健康

原本第N次目標設定要練到帥氣健美，但只完成25%，帥氣健美四個字，只剩還有一口氣而已。另

帶家人出國的人生最高紀錄。

爸爸就是適合負重。

外一些中年男子的煩惱，例如雷射近視、牙齒治療等等，都沒完成。

年度報告中，若有沒達成目標，一定要有個理由。這個理由必須先不傷身體，再講效果。

我想起以前面試新進人員時，問他們的缺點是什麼？有一種回答非常驚人：「我的缺點就是太認真，帶給同事不能放鬆的壓力，我需要檢討。」明明問你缺點，卻大大捧了自己。

這招我也會，關於在「自我健康」上沒達成的原因，我只好說：「身為父親，我最大的缺點就是捨己為人，不懂得照顧自己。」

所以只達成了成長發育及親情相處，兩個都是跟家人有關的目標。

4 寫作

一年過去，重新支配時間後，我的主線任務——小孩成長曲線——明顯上升，而我的支線任務——寫作——也進展到了自己無法預想的情況。

過去一年產出了兩百二十六篇臉書文章，最多觸及人數的一篇是兩百四十五萬人，超過一百萬的有八篇。最多讚／心情的一篇是2.3萬。最多留言的一篇877則。最多分享的一篇565次。

可以看到這計畫的效果，都寫成一本書了。

第三部分（意外收穫）

因為育嬰假，家庭運作變得很順暢。

在匱乏經濟學中有一個經典案例。美國的一間醫院每年須完成大量的手術，由於病人太多，所以手術室的預排幾乎是滿的，但還會有急診的手術湧入，無法事先預期。

每當急診的手術進來，醫院就會一團亂。已排定的手術要延期，要花大量的心力重新安排人力跟設備（還不一定可以），加班追趕進度又造成更多錯誤要收拾。他們的解決辦法是「空一間手術室，不預排手術」，超級反直覺，但竟然很奏效。

原因是醫院原本中了「匱乏的陷阱」，因為手術室不夠，所以就把手術室都排更滿，而缺乏彈性。當無法事先預期的急診手術插進來，這個缺乏彈性的作業就會爆炸。

急診手術真的無法預期嗎？其實急診手術只是無法預期誰是病人跟手術類型，但可以預期的是每天都會有急診。空出一間手術室，就能專門接收急診，並且讓其他已排定的手術都順利進行。

小孩的突發事件，就像急診手術。每次小孩有什麼突發事件，又要爸媽從上班工作中抽身，或是平日已塞滿的晚上又要多加一件事情，我就會想到手術室的案例。

最恐怖的莫過於腸病毒停課一週，只要同班其他兩名小朋友確診，全班就要停課。不掌握在自己手中，而且事先毫無跡象。

你可能上午正在準備一個重要的簡報，下午就要上場，突然一則簡訊「請在中午前把小孩接回，因腸病毒停課一週」。瞬間就是一個工作行程大災難，特休十幾天已去其五還沒空哀傷，腦中只想到下午的簡報，還有明天、後天、大後天、大大後天的重要會議。就算不是一週，光突然插入兩個小時也很煎熬。小孩小感冒看醫師，不可能等到週末，一個來回就是平日晚上的二至三小時。也就是平常七點多到家，到睡前要完成的那些事，變成看完醫師後，九點多到家才開始。

父母不但有精神跟肉體上的折磨，工作上的延誤，也要再更多加班來收拾。

現在，我就是那個空出來的彈性（手術室），不知道小孩會有什麼突發事件，但一定常常有突發事件，我都可以處理。雖然家裡少了一個人上班，但幾乎所有家庭的事情，只要能事先想到的，都可以按計畫妥善進行。

放了一年的煙火後，還留下了什麼？

曾經有一年公司出售子公司，等於多年來的耕耘一次收穫，那年公司帳面上的收入大增。

全公司都學到一個重要策略，想到什麼對長遠有重大幫助的投資（通常金額也驚人），都趕快火速規劃申請就對了。因為當年怎麼花，財務報表上都是正的，但到了隔年就是從零開始。

育嬰假的一年，就好像這種情況。包含過去的累積，讓我有點底氣，在漫長的職涯擠出一年育嬰假。

於是，我就變成了一年限定的時間暴發戶，但不能把所有時間像煙火一樣使用，放肆一年後什麼都沒留下。家庭跟育嬰品質只提升一年，接著重回職場，一切變回改善前的樣貌。忙不過來的事情，一樣忙不過來，將就的事，一樣將就。所以在日常忙碌中，我會想著花出去的時間，能留下什麼，回去上班後還能享受到好處。

一年到了，留下來影響最深遠的，當然是前面「中年男子的實驗廚房」內容有詳述的「供應商評鑑」跟「生產設備自動化」，以後即使沒有育嬰假，也能讓營養供給不會下滑太多。

另外，還有各種居家省力跟自動化的方式。前面的內容已經有列出來一些，但其中我覺得最走火入魔，也最能體現省時極致的，就是自動灑水了。

從網路上陸續買來便宜又陽春的零件，慢慢組成的定時澆花系統。

「不說還以為我有農場，其實只有一個陽台。」

但每天出去澆花十分鐘也是時間呀，而且每天要做的事累積下來就很可觀，更別說常常忘記澆，造成陽台破敗要花時間救援。

省力維護陽台，最值得的作用還是育兒，不能出門的時候，開落地窗讓孩子餵餵魚、挖挖土、摘摘花，就算一堂戶外活動。陽台簡直是另一個多采多姿的世界呀，尤其疫情的時候超有感。

有人問我，如果重新再來一次，還會請育嬰假嗎？

再來一次，我會請兩次。

我有兩個孩子，這次動用的是生弟弟附贈的育嬰假資格，也是我人生最後一年可請的育嬰假（應該吧？除非再生一個……）。姊姊三歲前我有想請，猶豫中就過了。

千載難逢，機會不再。

中年以後，哪有這麼任性的機會，可以有一大段時間給自己規劃，而且還可以回原本職位。

一想到獲得這個機會的代價之大，是生一個孩子養育到他二十歲，擔心到他五十歲，就覺得像一千年一樣久，怎麼能輕易放過。

值得嗎？

如果說，有個天平在腦海中，左邊是收入或職涯，右邊是育嬰假。當兩邊不相上下時，右邊是可以再創造更多至重量的。設定目標及各種時間運用的計畫，讓天平的右邊直接重到墜地，就值得了。

希望每個有需要的人，都能把握請育嬰假的機會。

教養生活78

我是男性，我請了一年育嬰假

作者　背包 Ken
責任編輯　龔槵甄
校對　劉素芬
封面設計　王瓊瑤
內頁排版　顧力榮
內頁繪圖　有隻兔子

總編輯　龔槵甄
董事長　趙政岷
出版者　時報文化出版企業股份有限公司
108019 臺北市和平西路三段二四〇號四樓
發行專線　02-2306-6842
讀者服務專線　0800-231-705．02-2304-7103
讀者服務傳真　02-2304-6858
郵撥　19344724 時報文化出版公司
信箱　10899 臺北華江橋郵局第99信箱

時報悅讀網　www.readingtimes.com.tw
法律顧問　理律法律事務所 陳長文律師、李念祖律師
印刷　勁達印刷有限公司
初版一刷　二〇二四年七月二十六日
初版二刷　二〇二四年十一月十八日
定價　新台幣三八〇元
（缺頁或破損的書，請寄回更換）

時報文化出版公司成立於一九七五年，
並於一九九九年股票上櫃公開發行，於二〇〇八年脫離中時集團非屬旺中，
以「尊重智慧與創意的文化事業」為信念。

我是男性，我請了一年育嬰假 / 背包 Ken 著 . -- 初版 . -- 臺北市 : 時報文化出版企業股份有限公司 , 2024.07
面；　公分 . -- (教養生活 ; 78)
ISBN 978-626-396-545-4(平裝)

1.CST: 育兒 2.CST: 父親 3.CST: 通俗作品

428　　113010036

ISBN 978-626-396-545-4
Printed in Taiwan